AUTODESK 官方标准教程系列

精于心 美于形

AUTODESK® REVIT® MEP 2017
管线综合设计应用

Autodesk,Inc. 主编
柏慕进业 编著

电子工业出版社
Publishing House of Electronics Industry
北京·BEIJING

内 容 简 介

Autodesk Revit 系列软件是一款三维参数化暖、水、电设计软件。Revit MEP 2017 强大的可视化功能使设计师更好地推敲空间及发现设计的不足和错误,并且可以在任何时候、任何地方对设计进行任意修改,极大地提高了设计质量和设计效率。

本书是讲解 Autodesk Revit MEP 2017 功能运用并结合实际案例的书籍,是将理论运用到实际项目的一次实践。

本书共分为 8 章,主要包括 Autodesk Revit MEP 2017 的总体介绍,暖、水、电三个专业的功能应用及三个专业的案例讲解,综合暖、水、电三个专业的模型进行碰撞检查,MEP 族的相关知识及创建实例族,并系统讲解了 Revit MEP 的新功能,帮助读者更好地掌握和应用该软件。附录主要介绍 BIM 标准化应用体系中设备建模、出图及算量等相关应用,从百余个项目实战中总结归纳的经验,真正应用于项目设计、施工、运维的全生命周期。

本书可作为暖通、给排水、电气及相关专业的师生和从业人员等的自学用书,也可作为高等院校相关课程的教材。

未经许可,不得以任何方式复制或抄袭本书之部分或全部内容。
版权所有,侵权必究。

图书在版编目(CIP)数据

Autodesk Revit MEP 2017 管线综合设计应用 / 柏慕进业编著. —北京:电子工业出版社,2017.9
Autodesk 官方标准教程系列
ISBN 978-7-121-31900-6

Ⅰ. ①A… Ⅱ. ①柏… Ⅲ. ①建筑设计-管线综合-计算机辅助设计-应用软件-教材 Ⅳ. ①TU204.1-39

中国版本图书馆 CIP 数据核字(2017)第 134264 号

策划编辑:高丽阳
责任编辑:徐津平
特约编辑:赵树刚
印　　刷:北京虎彩文化传播有限公司
装　　订:北京虎彩文化传播有限公司
出版发行:电子工业出版社
　　　　　北京市海淀区万寿路 173 信箱　　　邮编:100036
开　　本:787×1092　1/16　　印张:21.25　　字数:544 千字
版　　次:2017 年 9 月第 1 版
印　　次:2018 年 6 月第 2 次印刷
定　　价:99.00 元

凡所购买电子工业出版社图书有缺损问题,请向购买书店调换。若书店售缺,请与本社发行部联系,联系及邮购电话:(010)88254888,88258888。

质量投诉请发邮件至 zlts@phei.com.cn,盗版侵权举报请发邮件到 dbqq@phei.com.cn。
本书咨询联系方式:010-51260888-819,faq@phei.com.cn。

编 委 会

主　任：黄亚斌
副主任：李　强　　天津市交通建筑设计院
　　　　谢晓磊　　北京柏慕进业工程咨询有限公司
　　　　张忠良
　　　　朱德良　　武夷学院土木工程与建筑学院
　　　　周星星　　北京柏慕进业工程咨询有限公司
参编人员：
　　　　闵庆洋　　北京柏慕进业工程咨询有限公司
　　　　陈旭洪　　四川柏慕联创工程技术服务有限公司
　　　　吕　朋　　北京柏慕进业工程咨询有限公司
　　　　朱德良　　武夷学院
　　　　潘正阳　　北京柏慕进业工程咨询有限公司
　　　　黄良辉　　广州技术师范学院天河学院
　　　　高文俊　　北京柏慕进业工程咨询有限公司
　　　　付庆良　　北京柏慕进业工程咨询有限公司
　　　　李　签　　四川柏慕联创工程技术服务有限公司
　　　　汪萌萌　　北京柏慕进业工程咨询有限公司
　　　　赵　阳　　北京柏慕进业工程咨询有限公司
　　　　赵　冬　　广东工程职业技术学院
　　　　吕　尚　　北京柏慕进业工程咨询有限公司
　　　　李广欣　　北京柏慕进业工程咨询有限公司
　　　　李世才　　四川柏慕联创工程技术服务有限公司
　　　　邓康成　　桂林理工大学土木与建筑工程学院
　　　　李明樾　　广西交通职业技术学院

前　　言

　　1982 年成立的 Autodesk 公司已经成为世界领先的数字化设计和管理软件及数字化内容供应商，其产品应用遍及工程建筑业、产品制造业、土木及基础设施建设领域、数字娱乐及无线数据服务领域，能够普遍地帮助客户提升数字化设计数据的应用价值，并且能够有效地促进客户在整个工程项目生命周期中管理和分享数字化数据的效率。

　　Autodesk 软件（中国）有限公司成立于 1994 年，20 多年间 Autodesk 见证了中国各行各业的快速成长，并先后在北京、上海、广州、武汉等地设立了办事处，与中国共同进步。中国数百万的建筑工程设计师和产品制造工程师利用 Autodesk 数字化设计技术，甩掉了图板、铅笔和角尺等传统设计工具，用数字化方式与中国无数的施工现场和车间交互各种各样的工程建筑与产品制造信息。Autodesk 产品成为中国设计行业最通用的软件。Autodesk 正在以其领先的产品、技术、行业经验和对中国不变的承诺根植于中国，携手中国企业不断突破创新。

　　Autodesk 授权培训中心（Autodesk Training Center，ATC）是 Autodesk 公司授权的、能为用户及合作伙伴提供正规化和专业化技术培训的独立培训机构，是 Autodesk 公司和用户之间进行技术传输的重要纽带。为了给 Autodesk 产品用户提供优质服务，Autodesk 公司通过授权培训中心提供产品的培训和认证服务。ATC 不仅具有一流的教学环境和全部正版的培训软件，而且有完善的富有竞争意识的教学培训服务体系和经过 Autodesk 严格认证的高水平师资力量作为后盾，向使用 Autodesk 软件的专业设计人员提供 Autodesk 授权的全方位的实际操作培训，帮助用户更高效、更巧妙地使用 Autodesk 产品工作。

　　每天都有数以千计的顾客在 Autodesk 授权培训中心（ATC）的指导下，学习使用 Autodesk 的软件来更快、更好地实现他们的创意。目前全球有超过 2 000 家的 Autodesk 授权培训中心，能够满足各地区专业人士对培训的需求。在当今日新月异的专业设计要求和挑战中，ATC 无疑成为用户寻求 Autodesk 最新应用技术和灵感的最佳源泉。

　　北京柏慕进业工程咨询有限公司（柏慕进业）是一家专业致力于以 BIM 技术应用为核心的建筑设计及工程咨询服务的公司，设有柏慕培训、柏慕咨询、柏慕设计和柏慕外包四大业务部门。

　　2008 年，柏慕进业与 Autodesk 公司建立密切合作关系，成为 Autodesk 授权培训中心，积极参与 Autodesk 在中国的相关培训及认证的推广等工作。柏慕进业的培训业务作为公司主营业务之一一直备受重视，目前柏慕已培训全国百余所高校相关专业师生，以及设计院在职人员数千名。

　　柏慕进业长期致力于 BIM 技术及相关软件应用培训在高校的推广，旨在成为国内外一流设计院和国内院校之间的桥梁和纽带，不断引进、整合国际最先进的技术和培训认证项目。另外，柏慕进业利用公司独有的咨询服务经验和技巧总结转化成柏慕培训的课程体系，邀请一流的专家讲师团队为学员授课，为各种不同程度的 BIM 技术学习者精心准备了完备的课程体系，循序渐进，由浅入深，锻造培训学员的核心竞争力。

同时，柏慕进业还是 Autodesk Revit Architecture 系列官方教材编写者，教育部行业精品课程 BIM 应用系列教材编写单位，有着丰富的标准培训教材与案例丛书的编著策划经验。除了本次编写的"Autodesk 官方标准教程"系列外，柏慕还组织编写了数十本 BIM 和绿色建筑的相关教程。

柏慕进业官方网站（www.51bim.com）提供了大量的族下载资源，方便读者学习，并上传了大量的 BIM 项目应用案例，供广大 BIM 爱好者学习，并真正了解 BIM 项目应用过程。同时注册柏慕会员即可免费下载柏慕 1.0 软件进行学习（更多详情敬请关注柏慕进业官方网站）。

为配合 Autodesk 新版软件的正式发布，柏慕进业作为编写单位，与 Autodesk 公司密切合作，推出了全新的"Autodesk 官方标准教程"系列，非常适合各类培训或自学者参考阅读，同时也可以作为高等院校相关专业的教材使用。本系列丛书对参加 Autodesk 认证考试的读者同样具有指导意义。

由于时间紧迫，加之作者水平有限，书中难免有疏漏之处，还请广大读者谅解并指正。

欢迎广大读者朋友来访交流，如有疑问，请咨询柏慕进业北京总部（电话：010-84852873 或 010-84850783，地址：北京市朝阳区农展馆南路 13 号瑞辰国际中心 1805 室）。

Autodesk,Inc. 柏慕进业
2017 年 4 月

轻松注册成为博文视点社区用户（www.broadview.com.cn），扫码直达本书页面。
- 下载资源：本书如提供示例代码及资源文件，均可在 下载资源 处下载。
- 提交勘误：您对书中内容的修改意见可在 提交勘误 处提交，若被采纳，将获赠博文视点社区积分（在您购买电子书时，积分可用来抵扣相应金额）。
- 交流互动：在页面下方 读者评论 处留下您的疑问或观点，与我们和其他读者一同学习交流。

页面入口：*http://www.broadview.com.cn/31900*

目　　录

第1章　Revit MEP 绪论 1

1.1 Revit MEP 软件的优势 1
    1.1.1 按照工程师的思维模式进行工作，开展智能设计 1
    1.1.2 借助参数化变更管理，提高协调一致 1
    1.1.3 改善沟通，提升业绩 2
1.2 工作界面介绍与基本工具应用 2
    1.2.1 快速访问工具栏 3
    1.2.2 功能区3种类型的按钮 3
    1.2.3 上下文功能区选项卡 4
    1.2.4 全导航控制盘 4
    1.2.5 ViewCube 5
    1.2.6 视图控制栏 6
    1.2.7 基本工具的应用 6
1.3 Revit MEP 三维设计制图的基本原理 8
    1.3.1 平面图的生成 9
    1.3.2 立面图的生成 17
    1.3.3 剖面图的生成 19
    1.3.4 透视图的生成 21

第2章　暖通功能及案例讲解 23

2.1 风管功能简介 23
    2.1.1 风管参数设置 23
    2.1.2 风管绘制方法 26
    2.1.3 风管显示设置 37
    2.1.4 风管标注 39
2.2 案例讲解及项目准备 40
    2.2.1 新建项目文件 41
    2.2.2 链接模型 41

2.2.3　标高轴网及平面视图的创建 42
　　　2.2.4　导入CAD 46
2.3　风系统模型的绘制 48
　　　2.3.1　绘制风管 48
　　　2.3.2　添加并连接主要设备 53
　　　2.3.3　风管颜色的设置 66
2.4　技术应用技巧 71
　　　2.4.1　如何改变不同管径的风管对齐 71
　　　2.4.2　如何更改风管系统类型 74
　　　2.4.3　绘制风管或管道时出现"找不到自动布线解决方案"的原因 75

第3章　给水功能及案例讲解 78

3.1　管道设计功能 78
　　　3.1.1　设置管道设计参数 78
　　　3.1.2　管道绘制 82
　　　3.1.3　管道显示 91
　　　3.1.4　管道标注 98
3.2　案例简介及管道系统创建 106
　　　3.2.1　CAD底图的导入 106
　　　3.2.2　绘制水系统 107
　　　3.2.3　添加水系统阀门 110
　　　3.2.4　连接消防箱 113
3.3　按照CAD底图完成各系统绘制 116
3.4　技术应用技巧 122
　　　3.4.1　立管如何连接 122
　　　3.4.2　S形存水弯如何在项目中保持很好的连接 123
　　　3.4.3　管道弯头出图时如何绘制 125

第4章　电气系统的绘制 126

4.1　电缆桥架功能与线管功能 126
　　　4.1.1　电缆桥架 126
　　　4.1.2　线管 137

4.2 案例简介及电气系统的绘制 144
 4.2.1 案例介绍 144
 4.2.2 新建项目 144
 4.2.3 链接 CAD 设计图纸 145
 4.2.4 电缆桥架的设置 146
 4.2.5 电缆桥架三通、四通和弯头的绘制 148
 4.2.6 完成案例绘制 149
4.3 技术应用技巧 149
 4.3.1 两根有高度差的电缆桥架相交，重叠部分怎么让其虚线显示 149
 4.3.2 绘制直导线 150

第 5 章 碰撞检查 152

5.1 碰撞检查简介 152
5.2 案例介绍 155
5.3 技术应用技巧 156
 5.3.1 碰撞优化技巧 156
 5.3.2 碰撞检查、设计优化原则 158
 5.3.3 修改同一标高水管间的碰撞 159

第 6 章 工程量统计 160

6.1 创建实例明细表 160
6.2 编辑明细表 162
6.3 技术应用技巧 163
 6.3.1 怎样将明细表导出到 DWG 文件中 163
 6.3.2 如何统计族中的嵌套族 165

第 7 章 族功能介绍及实例讲解 168

7.1 族的使用 168
 7.1.1 载入族 168
 7.1.2 放置类型 170
 7.1.3 编辑项目中的族和族类型 172
 7.1.4 创建构件族 174
7.2 族的样板 174

7.3 族类别和族参数 ... 175
7.3.1 族类别 ... 175
7.3.2 族参数 ... 176
7.4 族类型和参数 ... 178
7.4.1 新建族类型 ... 179
7.4.2 添加参数 ... 179
7.5 族编辑器基础知识 ... 181
7.5.1 参照平面和参照线 ... 181
7.5.2 工作平面 ... 187
7.5.3 模型线和符号线 ... 189
7.5.4 模型文字和文字 ... 189
7.5.5 控件 ... 190
7.5.6 可见性和详细程度 ... 191
7.6 三维模型的创建 ... 193
7.6.1 拉伸 ... 193
7.6.2 融合 ... 195
7.6.3 旋转 ... 196
7.6.4 放样 ... 197
7.6.5 放样融合 ... 199
7.6.6 空心模型 ... 200
7.7 三维模型的修改 ... 200
7.7.1 布尔运算 ... 200
7.7.2 对齐/修剪/延伸/拆分/偏移 ... 201
7.7.3 移动/旋转/复制/镜像/阵列 ... 203
7.8 族的嵌套 ... 209
7.9 二维族的修改和创建 ... 212
7.9.1 轮廓族 ... 212
7.9.2 注释族和详图构件族 ... 212
7.10 MEP族连接件 ... 216
7.10.1 连接件放置 ... 216
7.10.2 连接件设置 ... 217
7.11 创建族实例 ... 221
7.11.1 创建阀门族 ... 222

   7.11.2 创建防火阀族 235

   7.11.3 创建静压箱族 246

   7.11.4 创建空调机族 263

  7.12 技术应用技巧 278

   7.12.1 变径弯头族如何制作 278

   7.12.2 族图元可见性设置原则 281

   7.12.3 怎样在族中添加文字载入项目中可见 284

   7.12.4 电气族电气参数修改要求 285

第8章 Revit MEP 新功能 286

  8.1 Revit Fabrication 286

  8.2 MEP 用户界面和工作流程增强功能 288

  8.3 MEP 性能改进 290

附录 柏慕最佳实践应用

附录 A 建模 293

附录 B 出图 301

附录 C 工程量计算 308

附录 D 暖通冷热负荷计算 313

第 1 章　Revit MEP 绪论

1.1　Revit MEP 软件的优势

建筑信息模型（Building Information Model）是以三维数字技术为基础，集成了建筑工程项目各种相关信息的工程数据模型。BIM 是一种技术、一种方法、一种过程，它把建筑业业务流程和表达建筑物本身的信息更好地集成起来，从而提高整个行业的效率。随着以 Autodesk Revit 为代表的三维建筑信息模型（BIM）软件在国外发达国家的普及应用，国内先进的建筑设计团队也纷纷成立 BIM 技术小组，应用 Revit 进行三维建筑设计。Revit MEP 软件是一款智能的设计和制图工具，Revit MEP 可以创建面向建筑设备及管道工程的建筑信息模型。使用 Revit MEP 软件进行水暖电专业设计和建模，主要有如下优势。

1.1.1　按照工程师的思维模式进行工作，开展智能设计

Revit MEP 软件借助真实管线进行准确建模，可以实现智能、直观的设计流程。Revit MEP 采用整体设计理念，从整座建筑物的角度来处理信息，将排水、暖通和电气系统与建筑模型关联起来，为工程师提供更佳的决策参考和建筑性能分析。借助它，工程师可以优化建筑设备及管道系统的设计，更好地进行建筑性能分析，充分发挥 BIM 的竞争优势，促进可持性设计。同时，利用 Revit 与建筑师和其他工程师协同，还可即时获得来自建筑信息模型的设计反馈，实现数据驱动设计所带来的巨大优势，轻松跟踪项目的范围、进度和工程量统计、造价分析。

1.1.2　借助参数化变更管理，提高协调一致

利用 Revit MEP 软件完成建筑信息模型，最大限度地提高基于 Revit 的建筑工程设计和制图的效率。它能够最大限度地减少设备专业设计团队之间，以及与建筑师和结构工程师之间的协作。通过实时的可视化功能，改善与客户的沟通并更快地作出决策。Revit MEP 软件建立的管线综合模型可以与由 Revit Architecture 软件或 Revit Structure 软件建立的建筑结构模型展开无缝协作。在模型的任何一处进行变更，Revit MEP 可在整个设计和文档集中自动更新所有相关内容。

1.1.3 改善沟通,提升业绩

设计师可以通过创建逼真的建筑设备及管道系统示意图,改善与甲方的设计意图沟通。通过使用建筑信息模型,自动交换工程设计数据,从中受益。及早发现错误,避免让错误进入现场并造成代价高昂的现场设计返工。借助全面的建筑设备及管道工程解决方案,最大限度地简化应用软件管理。

1.2 工作界面介绍与基本工具应用

2017 版本的 Autodesk Revit 将三个产品整合为一,该版本在一个全面的应用程序中综合了用于建筑设计、MEP 土木工程和结构设计的各种工具。获得更广泛的工具集,可以在 Revit 平台内简化工作流并与其他建筑设计规程展开更有效的协作。

用户得到 BIM 管理员授权后,可以修改用户界面以显示或隐藏建筑工具、结构工具、系统工具及相关的分析工具。另外,BIM 管理员可以创建多个 Revit 展开,分别针对启用了相应工具的不同用户组进行预先配置。

了解如何使用和自定义用户界面,以提高工作效率并简化工作流程。

只需单击几次,便可以修改界面,从而更好地支持用户的工作方式。例如,可以将功能区设置为四种显示设置之一,还可以同时显示若干个项目视图,或按层次放置视图以仅看到最上面的视图。

用户界面的组成如图 1-1 所示。

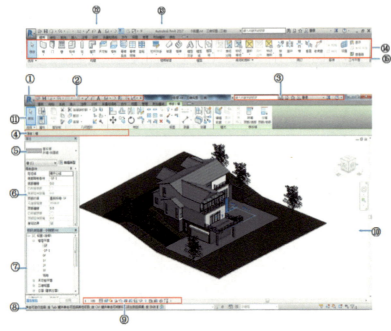

①应用程序菜单
②快速访问工具栏
③信息中心
④选项栏
⑤类型选择器
⑥"属性"选项板
⑦项目浏览器
⑧状态栏
⑨视图控制栏
⑩绘图区域
⑪功能区
⑫功能区上的选项卡
⑬功能区上的上下选项卡,提供与选定对象或当前动作相关的工具
⑭功能区当前选项卡的工具
⑮功能区上的面板

图 1-1

1.2.1 快速访问工具栏

单击快速访问工具栏右侧的下拉按钮,将弹出下拉列表,如图 1-2(a)所示,可以控制快速访问工具栏中按钮的显示与否。若要向快速访问工具栏中添加功能区的按钮,在功能区的按钮上单击鼠标右键,然后在弹出的快捷菜单中选择"添加到快速访问工具栏"命令,如图 1-2(b)所示,功能区按钮将会添加到快速访问工具栏中默认命令的右侧,如图 1-2(c)所示。

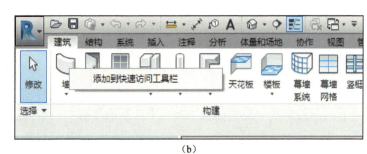

图 1-2

1.2.2 功能区 3 种类型的按钮

- 普通按钮:如按钮,单击可调用工具。
- 下拉按钮:如按钮,单击小箭头用来显示附加的相关工具。
- 分割按钮:调用常用的工具,或显示包含附加相关工具的菜单。

【提示】 如果看到按钮上有一条线将按钮分割为两个区域,单击上部(或左侧)可以访问通常使用的工具,单击下部可显示相关工具的列表,如图 1-3 所示。

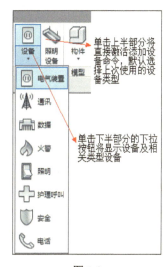

图 1-3

1.2.3 上下文功能区选项卡

激活某些工具或者选择图元时，会自动增加并切换到一个"上下文功能区选项卡"，其中包含一组只与该工具或图元相关的上下文工具。

例如，单击"风管"工具时，将显示"放置风管"上下文选项卡，其中显示 3 个面板，如图 1-4 所示。

- 选择：包含"修改"工具。
- 属性：包含"图元属性"和"类型选择器"。
- 放置工具：包含放置风管所必需的绘图工具。

退出该工具时，上下文功能区选项卡即会关闭。

图 1-4

1.2.4 全导航控制盘

将查看对象控制盘和巡视建筑控制盘上的三维导航工具组合到一起，用户可以查看各个对象及围绕模型进行漫游和导航。全导航控制盘和全导航控制盘（小）经优化适合有经验的三维用户使用。在"视图">"窗口">单击"用户界面"出现下拉菜单，勾选导航栏，在绘图区右上角出现导航栏，如图 1-5（a）所示。单击导航栏中的第一个选项，移动鼠标光标可出现全导航控制盘，如图 1-5（b）所示。

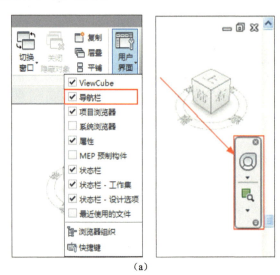

（a）

图 1-5

第 1 章　Revit MEP 绪论

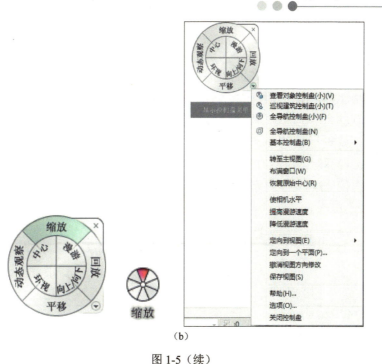

图 1-5（续）

【注意】显示其中一个全导航控制盘时，按住鼠标中键可进行平移，滚动鼠标滚轮可进行放大和缩小，同时按住 Shift 键和鼠标中键可对模型进行动态观察。

1）切换到全导航控制盘

在控制盘上单击鼠标右键，然后在弹出的快捷菜单中选择"全导航控制盘"命令。

2）切换到全导航控制盘（小）

在控制盘上单击鼠标右键，然后在弹出的快捷菜单中选择"全导航控制盘（小）"命令。

1.2.5　ViewCube

ViewCube 是一个三维导航工具，可指示模型的当前方向，并可调整视点，如图 1-6 所示。

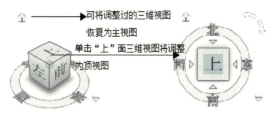

图 1-6

主视图是随模型一同存储的特殊视图，可以方便地返回已知视图或熟悉的视图，用户可以将模型的任何视图定义为主视图。在 ViewCube 上单击鼠标右键，然后在弹出的快捷菜单中选择"将当前视图设定为主视图"命令即可。

· 5 ·

1.2.6 视图控制栏

视图控制栏位于 Revit 窗口底部的状态栏上方，如图 1-7 所示，通过它可以快速访问。影响绘图区域的功能，视图控制栏工具从左向右依次是：比例尺，详细程度（单击可选择粗略、中等和精细视图），模型图形样式（单击可选择线框、隐藏线、着色、一致的颜色、真实和光线追踪 6 种模式），打开/关闭日光路径，打开/关闭阴影，显示/隐藏渲染对话框（仅当绘图区域显示三维视图时才可用），打开/关闭裁剪区域，显示/隐藏裁剪区域，保存/恢复方向并锁定视图，临时隐藏/隔离，显示隐藏的图元，临时视图属性，显示/隐藏分析模型，高亮显示位移集。

图 1-7

1.2.7 基本工具的应用

1. 图元的编辑工具

常规的编辑命令适用于软件的整个绘图过程中，如移动、复制、旋转、阵列、镜像、对齐、拆分、修剪和偏移等编辑命令，如图 1-8 所示。下面主要通过管道的编辑来详细介绍。

图 1-8

管道的编辑：选择"修改管道"选项卡，"修改"面板下的编辑命令如下。

- 移动（快捷键：MV）：用于将选定的图元移动到当前视图中指定的位置。单击"移动"按钮，选项栏如图 1-9 所示。

图 1-9

- 约束：限制管道只能在水平和垂直方向移动。
- 分开：选择分开，管道与其相关的构件不同时移动。
- 复制（快捷键：CC 或 CO）：用于复制选定图元并将它们放置在当前视图指定的位置。勾选"复制"复选框，拾取复制的参考点和目标点，可复制多个管道到新的位置。注意，勾选"复制"复选框会在旋转的同时复制一个新的管道副本，原管道保留在原位置。
- 旋转（快捷键：RO）：拖曳"中心点"可改变旋转的中心位置。鼠标拾取旋转参照位置和目标位置，旋转管道。也可以在选项栏设置旋转角度值后按回车键旋转管道。

- 镜像（快捷键：MM 或 DM）：单击"修改"面板下"镜像"下拉按钮，在弹出的下拉列表中选择"拾取镜像轴"或"绘制镜像轴"镜像图元。
- 阵列（快捷键：AR）：选择图元，单击"阵列"工具，在选项栏中进行相应设置，勾选"成组并关联"复选框，输入阵列的数量，例如"2"，选择"移动到"选项中的"第二个"，在视图中拾取参考点和目标点位置，二者间距将作为第一个管道和第二个或最后一个管道的间距值，自动阵列管道，如图 1-10 所示。

图 1-10

- 缩放（快捷键：RE）：选择图元，单击"缩放"工具，在选项栏中选择缩放方式，选中"图形方式"单选按钮，单击整道墙体的起点、终点，以此作为缩放的参照距离，再单击图元新的终点，确认缩放后的大小距离。选中"数值方式"单选按钮，则直接缩放比例数值，单击绘图区域完成修改，如图 1-11 所示。管道不可以缩放。

图 1-11

2. 窗口管理工具

窗口管理工具包含切换窗口、关闭隐藏对象、复制、层叠、平铺和用户界面，如图 1-12 所示。

图 1-12

- 切换窗口：绘图时打开多个窗口，通过"窗口"面板下"切换窗口"选项选择绘图所需窗口（也可按 Ctrl+Tab 组合键进行切换）。
- 关闭隐藏对象：自动隐藏当前没有在绘图区域中使用的窗口。
- 复制：单击此按钮复制当前窗口。
- 层叠：单击此按钮使当前打开的所有窗口层叠地出现在绘图区域，如图 1-13 所示。
- 平铺：使当前打开的所有窗口平铺在绘图区域，如图 1-14 所示。
- 用户界面：此下拉列表控制 ViewCube、导航栏、系统浏览器、状态栏和最近使用的文件各按钮的显示与否。浏览器组织控制浏览器中的组织分类和显示种类，如图 1-15 所示。

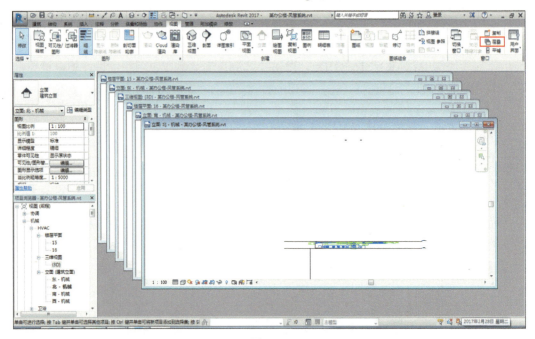

图 1-13

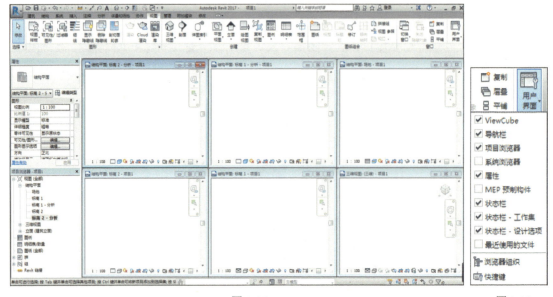

图 1-14　　　　　　　　　　　　　　　　　　　图 1-15

1.3　Revit MEP 三维设计制图的基本原理

在 Revit MEP 中，每一个平面、立面、剖面、透视、轴测、明细表都是一个视图。它们的显示都是由各自视图的视图属性控制，且不影响其他视图。这些显示包括可见性、线型、线宽、颜色等控制。作为一款参数化的三维 MEP 设计软件，在 Revit MEP 中，要想知道如何通过创建三维模型并进行相关项目设置，从而获得用户所需要的符合设计要求的相关平立剖面大样详图等图纸，用户就需要了解 Revit MEP 三维设计制图的基本原理。

1.3.1 平面图的生成

1. 详细程度

由于在建筑设计的图纸表达要求中，不同比例图纸的视图表达的要求也不相同，所以我们需要对视图进行详细程度的设置。

（1）在楼层平面中单击鼠标右键，在弹出的快捷菜单中选择"视图属性"命令，在弹出的"实例属性"对话框中的"详细程度"下拉列表中可选择"粗略"、"中等"或"精细"的详细程度。

（2）通过预定义详细程度，可以影响不同视图比例下同一几何图形的显示，如图 1-16 所示。

（3）墙、楼板和屋顶的复合结构以中等和精细详细程度显示，即详细程度为"粗略"时不显示结构层。

（4）族几何图形随详细程度的变化而变化，此项可在族中自行设置。

（5）各构件随详细程度的变化而变化。以粗略程度显示时，它会显示为线。以中等和精细程度显示时，它会显示更多几何图形。

除上述方法外，还可直接在视图平面处于激活的状态下，在视图控制栏中直接调整详细程度，此方法适用于所有类型视图，如图 1-17 所示。

图 1-16

图 1-17

2. 可见性图形替换

在建筑设计的图纸表达中，我们常常要控制不同对象的视图显示与可见性，用户可以通过"可见性/图形替换"的设置来实现上述要求。

（1）打开楼层平面的"属性"对话框，单击"可见性/图形替换"右侧的"编辑"按钮，打开"可见性/图形替换"对话框，如图1-18所示。

（2）在"可见性/图形替换"对话框中，可以查看已应用于某个类别的替换。如果已经替换了某个类别的图形显示，单元格会显示图形预览。如果没有对任何类别进行替换，单元格会显示为空白，图元则按照"对象样式"对话框中指定的显示。

（3）对图元的投影/表面线和截面填充图案进行替换，并能调整它是否半色调、是否透明，以及进行详细程度的调整，在可见性中的构件前打钩为可见，取消勾选为隐藏不可见状态，如图1-18所示。

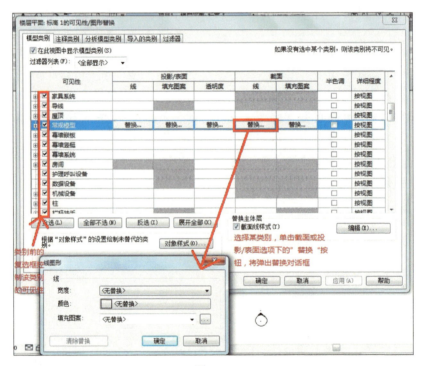

图1-18

（4）"注释类别"选项卡中同样可以控制注释构件的可见性，可以调整"投影/表面"的线及填充样式，以及是否半色调显示构件。

（5）"导入的类别"设置，控制导入对象的可见性、"投影/截面"的线、填充样式及是否半色调显示构件。

3. 过滤器的创建

可以通过应用过滤器工具，设置过滤器规则，选取所需要的构件。打开本书配套资源文件"某办公楼-给排水"。

（1）单击"视图"选项卡>"图形"面板>"过滤器"。

（2）在"过滤器"对话框中单击"新建"按钮 [新建(N)...]，或选择现有过滤器，单击 [编辑(E)...] 按钮进入"过滤器"的编辑界面。在此也可单击新建按钮，创建新"过滤器"，或者单击"复制"按钮。

（3）在"类别"列表框中选择所要包含在过滤器中的一个或多个类别，如"家用冷水"。

（4）在"过滤器规则"选项组中设置过滤条件的参数，如"系统分类"，如图 1-19 所示。

图 1-19

（5）在其下拉列表中选择过滤器运算符，如"包含"。为过滤器输入一个值："家用冷水"，即所有系统分类中包含"家用冷水"的管件，单击"确定"按钮退出对话框。

（6）在"可见性/图形替换"对话框中选择"过滤器"选项卡，单击"添加"按钮添加设置好的过滤器，此时取消选择过滤器"J3"的"可见性"复选框，可以隐藏符合条件的管件，以及其投影表面、截面的线型图案和填充图案样式显示。

【注意】 如果选择"等于"运算符，则所输入的值必须与搜索值相匹配，此搜索区分大小写。

4. 过滤器运算符

- 等于：字符必须完全匹配。
- 不等于：排除所有与输入的值匹配的内容。
- 大于：查找大于输入值的值。如果输入 23，则返回大于 23（不含 23）的值。
- 大于或等于：查找大于或等于输入值的值。如果输入 23，则返回 23 及大于 23 的值。
- 小于：查找小于输入值的值。如果输入 23，则返回小于 23（不含 23）的值。
- 小于或等于：查找小于或等于输入值的值。如果输入 23，则返回 23 及小于 23 的值。
- 包含：选择字符串中的任何一个字符。如果输入字符 H，则返回包含字符 H 的所有属性。
- 不包含：排除字符串中的任何一个字符。如果输入字符 H，则排除包含字母 H 的所有属性。

- 开始部分是：选择字符串开头的字符。如果输入字符 H，则返回以 H 开头的所有属性。
- 开始部分不是：排除字符串的首字符。如果输入字符 H，则排除以 H 开头的所有属性。
- 末尾是：选择字符串末尾的字符。如果输入字符 H，则返回以 H 结尾的所有属性。
- 结尾不是：排除字符串末尾的字符。如果输入字符 H，则排除以 H 结尾的所有属性。

5．图形显示选项

在楼层平面视图属性对话框的"图形显示选项"下拉列表中，可选择图形显示曲面中的样式，有线框、隐藏线、着色等，如图 1-20 所示。

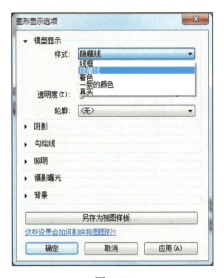

图 1-20

除上述方法外，还可直接在视图平面处于激活的状态下，在视图控制栏中直接对模型图形样式进行调整，此方法适用于所有类型视图，如图 1-21 所示。

图 1-21

6．图形显示选项

在"图形显示选项"的设置中，可以设置真实的建筑地点、设置虚拟的或者真实的日光位置、控制视图的阴影投射、实现建筑平立面轮廓加粗等功能，如图 1-22 所示。

第 1 章 Revit MEP 绪论

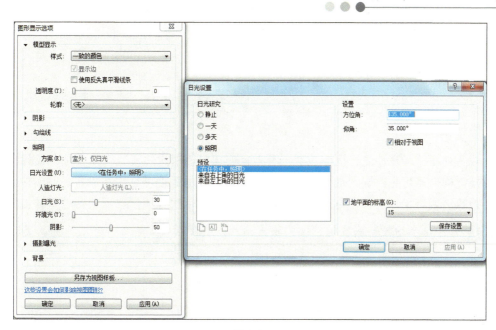

图 1-22

7. 基线

在当前平面视图下显示另一个模型片段，该模型片段可从当前层上方或下方获取。通过基线的设置可以看到建筑物内楼上或楼下各层的平面布置，作为设计参考。如需设置视图的"基线"，需在绘图区域中单击鼠标右键，在弹出的快捷菜单中选择"视图属性"命令，打开楼层平面的"属性"对话框，如图 1-23 所示。

8. "范围"相关设置

在楼层平面的"实例属性"对话框中的"范围"选项组中可对裁剪进行相应设置，如图 1-24 所示。

图 1-23

图 1-24

【注意】只有将裁剪视图在平面视图中打开,裁剪区域才会起效,如需调整,在视图控制栏同样可以控制裁剪区域的可见及裁剪视图的开启及关闭,如图1-25所示。

图 1-25

- 裁剪视图:选择该复选框即裁剪框有效,剪切框范围内的模型构件可见,裁剪框外的模型构件不可见,取消选择该复选框则不论裁剪框是否可见均不裁剪任何构件。
- 裁剪区域可见:选择该复选框即裁剪框可见,取消选择该复选框则裁剪框将被隐藏。

【注意】两个选项均控制裁剪框,但不相互制约,裁剪区域可见或不可见均可设置有效或无效。

9. "视图范围"设置

单击楼层平面的视图属性对话框的"视图范围"右侧的"编辑"按钮,在弹出的"视图范围"对话框中进行相应设置,如图1-26所示。

视图范围是可以控制视图中对象的可见性和外观的一组水平平面。水平平面为"顶部平面"、"剖切面"和"底部平面"。顶剪裁平面和底剪裁平面表示视图范围的顶部和底部的部分。剖切面是确定视图中某些图元可视剖切高度的平面。这3个平面可以定义视图范围的主要范围。

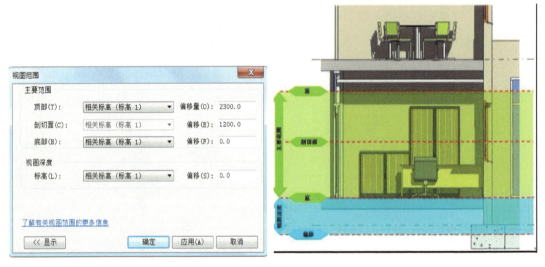

图 1-26

【注意】默认情况下,视图深度与底裁剪平面重合。

10. 默认视图样板的设置

进入楼层平面的"属性"对话框,找到"视图样板"选项,如图1-27(a)所示。

在各视图的"属性"对话框中指定"视图样板"。也可以在视图打印或导出之前，在项目浏览器的图纸名称上单击鼠标右键，如图 1-27（b）所示，在弹出的快捷菜单中选择"应用样板属性"命令，对视图样板进行设置。

图 1-27

【注意】 可在项目浏览器中按 Ctrl 键多选图纸名称，或先选择第一张图纸名称，接着按住 Shift 键选择最后一张图纸名称实现全选，然后单击鼠标右键，在弹出的快捷菜单中选择"应用样板属性"命令，可一次性布置所选图纸的视图样板。

11. "截剪裁"的设置

视图属性中的"截剪裁"用于控制跨多个标高的图元，以及在平面图中剖切范围下截面位置的设置，如图 1-28 所示。

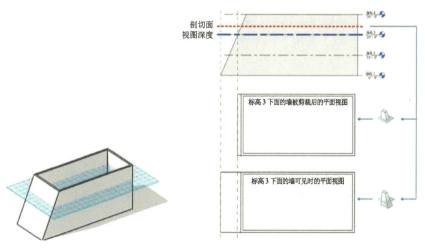

图 1-28

平面视图的"视图属性"对话框中的"截剪裁"参数可以激活此功能。截剪裁中的"剪裁时无截面线"、"剪裁时有截面线"设置的裁剪位置由"视图深度"参数定义,如果设置为"不剪裁",那么平面视图将完整显示该构件剖切面以下的所有部分而与视图深度无关,该参数是视图的"视图范围"属性的一部分。

【注意】平面视图包括楼层平面视图、天花板投影平面视图、详图平面视图和详图索引平面视图。

图 1-29 显示了该模型的剖切面和视图深度及使用"截剪裁"参数选项("剪裁时无截面线"、"剪裁时有截面线"和"不剪裁")后生成的平面视图表示(立面视图为"远剪裁",操作方法相同)。

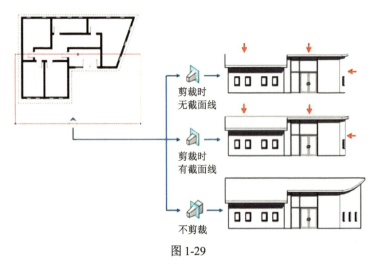

图 1-29

平面区域服从其父视图的"截剪裁"参数设置,但遵从自身的"视图范围"设置,按剪裁平面剪切平面视图时,在某些视图中具有符号表示法的图元(例如,结构梁)和不可剪切族不受影响,将显示这些图元和族,但不进行剪切,此属性会影响打印。

在"属性面板"对话框中,找到"截剪裁"参数。"截剪裁"参数可用于平面视图和场地视图。单击"属性"中"范围"列中的"截剪裁"按钮,将弹出"截剪裁"对话框,如图 1-30 所示。

图 1-30

在"截剪裁"对话框中选择一个选项,并单击"确定"按钮。

1.3.2 立面图的生成

1. 立面的创建

默认情况下,有东、南、西、北 4 个正立面,可以使用"立面"命令创建另外的内部和外部立面视图,如图 1-31 所示。

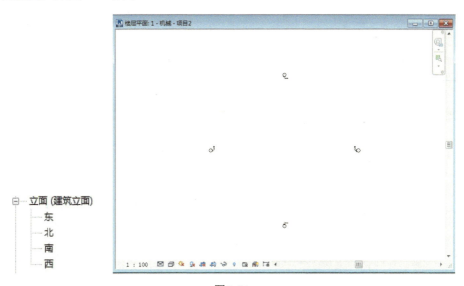

图 1-31

(1) 单击"视图"选项卡>"创建"面板>"立面",在光标尾部会显示立面符号。

(2) 在绘图区域移动光标到合适位置单击放置(在移动过程中立面符号箭头自动捕捉与其垂直的最近的墙),自动生成立面视图。

(3) 单击选择立面符号,此时显示蓝色虚线为视图范围,拖曳控制柄调整视图范围,包含在该范围内的模型构件才有可能在刚刚创建的立面视图中显示,如图 1-32 所示。

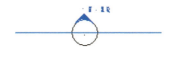

图 1-32

【注意】立面符号不可随意删除,删除符号的同时会将相应的立面一同删除。

- 4 个立面符号围合的区域即为绘图区域,不要超出绘图区域创建模型,否则立面显示将可能会是剖面显示。
- 因为立面有截裁剪、裁剪视图等设置,这些都会控制影响立面的视图宽度和深度的设置。
- 为了扩大绘图区域而移动立面符号时,注意全部框选立面符号,否则绘图区域的范围将有可能没有移动。移动立面符号后还需要调整绘图区域的大小及视图深度。

2. 创建框架立面

当项目中需要创建垂直于斜墙或斜工作平面的立面时，可以创建一个框架立面来辅助设计。

【注意】视图中必须有轴网或已命名的参照平面，才能添加框架立面视图。

（1）单击"视图"选项卡>"创建"面板>"立面"下拉列表>"框架立面"工具。

（2）将框架立面符号垂直于选定的轴网线或参照平面并沿着要显示的视图的方向单击放置，如图1-33（a）所示。观察项目浏览器中可看到添加了该立面，如图1-33（b）所示，双击可进入该框架立面。

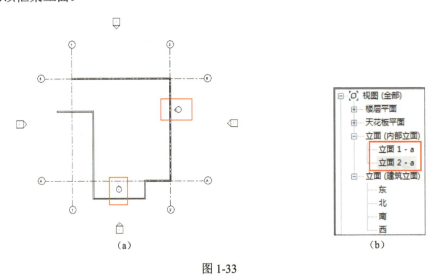

图 1-33

（3）对于需要将竖向支撑添加到模型中的情况，创建框架立面有助于为支撑创建并选择准确的工作平面。

3. 平面区域的创建

平面区域用于当部分视图由于构件高度或深度不同而需要设置与整体视图不同的视图范围而定义的区域，可用于拆分标高平面，也可用于显示剖切面上方或下方的插入对象。

【注意】平面区域是闭合草图，多个平面区域可以具有重合边但不能彼此重叠。

创建"平面区域"的步骤如下：

（1）单击功能区中的"视图"选项卡>"创建"面板>"平面视图"下拉列表>"平面区域"工具，进行创建平面区域。

（2）在"绘制"面板中选择绘制方式进行创建区域，单击"图元"面板中的"平面区域属性"按钮，打开"属性"对话框，如图1-34所示。

单击"视图范围"右侧的"编辑"按钮，打开"视图范围"对话框，以调整绘制区域内的视图范围，使该范围内的构件在平面中正确显示。

图 1-34

1.3.3 剖面图的生成

1. 创建剖面视图

（1）打开一个平面、剖面、立面或详图视图。

（2）单击"视图"选项卡>"创建"面板>"剖面"工具。在"剖面"选项卡下的"类型选择器"中选择"详图"、"建筑剖面"或"墙剖面"。

（3）在选项栏中选择一个视图比例。

（4）将光标放置在剖面的起点处，并拖曳光标穿过模型或族，当到达剖面的终点时单击，完成剖面的创建。

（5）选择已绘制的剖面线将显示裁剪区域，如图 1-35 所示，使用鼠标拖曳绿色虚线上的视图宽度和视景深度控制柄调整视图范围。

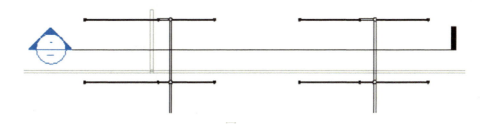

图 1-35

（6）单击查看方向控制柄可翻转视图查看方向。

（7）单击线段间隙符号，可在有隙缝的或连续的剖面线样式之间切换，如图 1-36 所示。

（8）在项目浏览器中自动生成剖面视图，双击视图名称打开剖面视图。修改剖面线的位置、范围，查看方向时剖面视图自动更新。

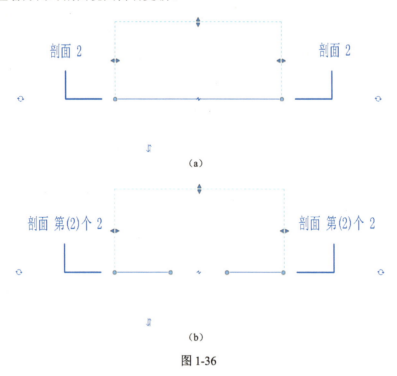

图 1-36

2. 创建阶梯剖面视图

按上述方法先绘制一条剖面线，选择它并单击上下文选项卡>"剖面"面板中的工具，在剖面线要拆分的位置单击并拖动到新位置，再次单击放置剖面线线段。使用鼠标拖曳线段位置控制柄调整每段线的位置到合适位置，自动生成阶梯剖面图，如图 1-37 所示。

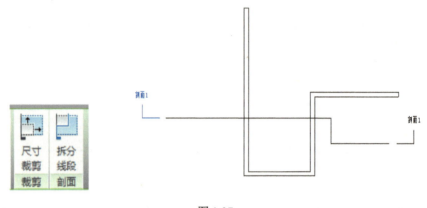

图 1-37

使用鼠标拖曳线段位置控制柄到与相邻的另一段平行线段对齐时，松开鼠标，两条线段合并成一条。

【提示】阶梯剖面中间转折部分线条的长度可直接拖曳端点调整，线宽可通过上下文选项卡中的"管理">"设置">"对象样式">"注释对象"中的剖面线的线宽设置工具来修改。

1.3.4 透视图的生成

1. 创建透视图

（1）打开一层平面视图，单击"视图"选项卡>"创建"面板>"三维视图"下拉列表>"相机"工具。

（2）在选项栏中设置相机"偏移量"，单击拾取相机位置点，拖曳鼠标再次单击拾取相机目标点，自动生成并打开透视图。

（3）选择视图裁剪区域方框，移动蓝色夹点将视图大小调整到合适的范围，如图 1-38 所示。

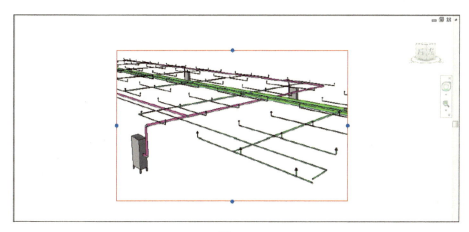

图 1-38

（4）如需精确调整视口的大小，应选择视口单击"修改相机"选项卡>"裁剪"面板>"尺寸裁剪"，在弹出的对话框中精确调整视口尺寸，如图 1-39 所示。

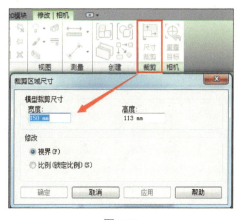

图 1-39

（5）如果要显示相机远裁剪区域外的模型，则单击鼠标右键，在弹出的快捷菜单中选择"视图属性"命令，在弹出的对话框中取消选择"远裁剪激活"复选框。

2. 修改相机位置、高度和目标

（1）同时打开一层平面、立面、三维、透视视图，单击"视图"选项卡>"窗口"面板>"平铺"按钮平铺所有视图。

（2）单击三维视图范围框，此时一层平面显示相机位置并处于激活状态，相机和相机的查看方向就会显示在所有视图中。

（3）在平面、立面、三维视图中拖曳相机、目标点、远裁剪控制点，调整相机的位置、高度和目标位置。也可单击"修改相机"选项卡>"图元"面板>"图元属性"按钮，打开"视图属性"对话框，修改"视点高度"、"目标高度"参数值调整相机，同时也可修改此三维视图的视图名称、详细程度、模型图形样式等。

第 2 章 暖通功能及案例讲解

中央空调系统是现代建筑设计中必不可少的一部分,尤其是一些面积较大、人流较多的公共场所,更是需要高效、节能的中央空调来实现对空气环境的调节。

本章将通过案例"某办公楼暖通设计"来介绍暖通专业在 Revit MEP 中建模的方法,并讲解设置风系统的各种属性的方法,使读者了解暖通系统的概念和基础知识,学会在 Revit MEP 中建模的方法。

2.1 风管功能简介

Revit MEP 具有强大的管路系统三维建模功能,可以直观地反映系统布局,实现所见即所得。如果在设计初期,根据设计要求对风管、管道等进行设置,可以提高设计准确性和效率。本节将介绍 Revit MEP 的风管功能及其基本设置。

2.1.1 风管参数设置

在绘制风管系统前,先设置风管设计参数:风管类型、风管尺寸及风管系统。

1. 风管类型设置方法

单击功能区中的"系统"选项卡>"风管",通过绘图区域左侧的"属性"对话框选择和编辑风管的类型,如图 2-1 所示。Revit MEP 2017 提供的"机械样板"项目样板文件中都默认配置了矩形风管、圆形风管及椭圆形风管,默认的风管类型与风管连接方式有关。

单击"编辑类型"按钮,打开"类型属性"对话框,可以对风管类型进行配置,如图 2-2 所示。

图 2-1

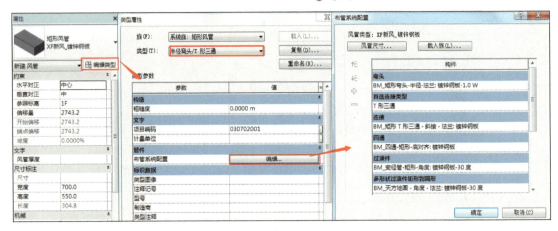

图 2-2

单击"复制"按钮，可以在已有风管类型基础模板上添加新的风管类型。

通过在"管件"列表中配置各类型风管管件族，可以指定绘制风管时自动添加到风管管路中的管件。

通过编辑"标识数据"中的参数为风管添加标识。

2. 风管尺寸设置方法

在 Revit MEP 中，通过"机械设置"对话框编辑当前项目文件中的风管尺寸信息。

打开"机械设置"对话框的方式有如下几种。

- 单击功能区中的"管理"选项卡>"MEP 设置"下拉列表>"机械设置"，如图 2-3 所示。

图 2-3

- 单击功能区中的"系统"选项卡>"机械"，（快捷键 MS），如图 2-4 所示。

第 2 章　暖通功能及案例讲解

图 2-4

3. 设置（添加/删除）风管尺寸

打开"机械设置"对话框后，单击"矩形"|"椭圆形"|"圆形"可以分别定义对应形状的风管尺寸。单击"新建尺寸"或者"删除尺寸"按钮可以添加或删除风管的尺寸。软件不允许重复添加列表中已有的风管尺寸。如果在绘图区域已经绘制了某尺寸的风管，该尺寸在"机械设置"尺寸列表中将不能删除，需要先删除项目中的风管，才能删除"机械设置"尺寸。列表中的尺寸，如图 2-5 所示。

图 2-5

4. 其他设置

在"机械设置"对话框的"风管设置"选项中，可以对风管进行尺寸标注及对风管内流体参数等进行设置，如图 2-6 所示。

其中几个较为常用的参数意义如下。

- 为单线管件使用注释比例：如果勾选该复选框，在屏幕视图中，风管管件和风管附件在粗略显示程度下，将会以"风管管件注释尺寸"参数所指定的尺寸显示。默认情况下，这个设置是勾选的。如果取消勾选后续绘制的风管管件和风管附件族将不再使用注释比例显示，但之前已经布置到项目中的风管管件和风管附件族不会更改，仍然使用注释比例显示。

- 风管管件注释尺寸：指定在单线视图中绘制的风管管件和风管附件的出图尺寸。无论图纸比例为多少，该尺寸始终保持不变。

• 25 •

图 2-6

- 矩形风管尺寸后缀：指定附加到根据"实例属性"参数显示的矩形风管尺寸后面的符号。
- 圆形风管尺寸后缀：指定附加到根据"实例属性"参数显示的圆形风管尺寸后面的符号。
- 风管连接件分隔符：指定在使用两个不同尺寸的连接件时用来分隔信息的符号。
- 椭圆形风管尺寸分隔符：显示椭圆形风管尺寸标注的分隔符号。
- 椭圆形风管尺寸后缀：指定附加到根据"实例属性"参数显示的椭圆形风管尺寸后面的符号。

2.1.2 风管绘制方法

本节以绘制矩形风管为例介绍绘制风管的方法。

1. 基本操作

在平、立、剖视图和三维视图中均可绘制风管。

风管绘制模式有如下方式：

单击功能区中的"系统"选项卡>"风管"（快捷键 DT），如图 2-7 所示。

图 2-7

进入风管绘制模式后，"修改|放置风管"选项卡和"修改|放置风管"选项栏被同时激活，如图 2-8 所示。

第 2 章 暖通功能及案例讲解

图 2-8

按照如下步骤绘制风管：

（1）选择风管类型。在风管"属性"对话框中选择所需要绘制的风管类型。

（2）选择风管尺寸。在风管"修改|放置风管"选项栏的"宽度"或"高度"下拉列表中选择风管尺寸。如果在下拉列表中没有需要的尺寸，可以直接在"宽度"和"高度"中输入需要绘制的尺寸。

（3）指定风管偏移。默认"偏移量"是指风管中心线相对于当前平面标高的距离。在"偏移量"下拉列表中可以选择项目中已经用到的风管偏移量，也可以直接输入自定义的偏移数值，默认单位为毫米。

（4）指定风管起点和终点。将鼠标指针移至绘图区域，单击指定风管起点，移动至终点位置再次单击，完成一段风管的绘制。可以继续移动鼠标绘制下一管段，风管将根据管路布局自动添加在"类型属性"对话框中预设好的风管管件。绘制完成后，按 Esc 键，或者单击鼠标右键，在弹出的快捷菜单中选择"取消"命令，退出风管绘制命令。

2. 风管对正

1）绘制风管

在平面视图和三维视图中绘制风管时，可以通过"修改|放置风管"选项卡中的"对正"指定风管的对齐方式。单击"对正"，打开"对正设置"对话框，如图 2-9 所示。

图 2-9

- 水平对正：当前视图下，以风管的"中心"、"左"或"右"侧边缘作为参照，将相邻两段风管边缘进行水平对齐。"水平对正"的效果与画管方向有关，自左向右绘制风管时，选择不同"水平对正"方式效果，如图2-10所示。

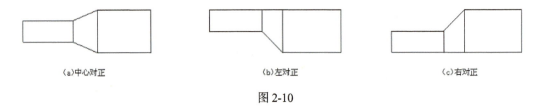

图 2-10

- 水平偏移：用于指定风管绘制起始点位置与实际风管和墙体等参考图元之间的水平偏移距离。"水平偏移"的距离和"水平对齐"设置与风管方向有关。设置"水平偏移"值为100mm，自左向右绘制风管，不同"水平对正"方式下风管绘制效果如图2-11所示。

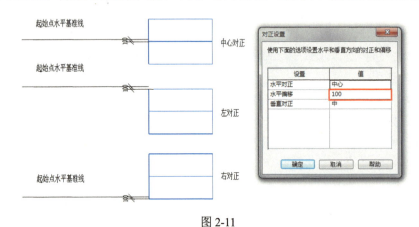

图 2-11

- 垂直对正：当前视图下，以风管的"中"、"底"或"顶"作为参照，将相邻两段风管边缘进行垂直对齐。"垂直对齐"的设置决定风管"偏移量"指定的距离。不同"垂直对正"方式下，偏移量为2 750mm绘制风管的效果，如图2-12所示。

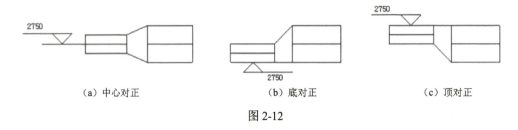

图 2-12

2）编辑风管

风管绘制完成后，在任意视图中，可以使用"对正"命令修改风管的对齐方式。选中需要修改的管段，单击功能区中的"对正"按钮，如图2-13所示。进入"对正编辑器"，选择需要的对齐方式和对齐方向，单击"完成"按钮。

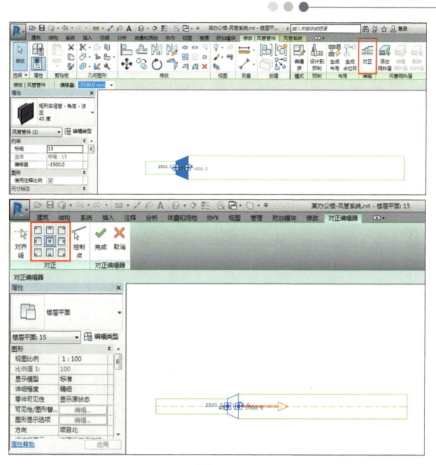

图 2-13

3. 自动连接

激活"风管"命令后,"修改|放置风管"选项卡中的"自动连接"用于某一段风管管路开始或者结束时自动捕捉相交风管,并添加风管管件完成连接。默认情况下,这一选项是激活的。如绘制两段不在同一高程的正交风管,将自动添加风管管件完成连接,如图2-14所示。

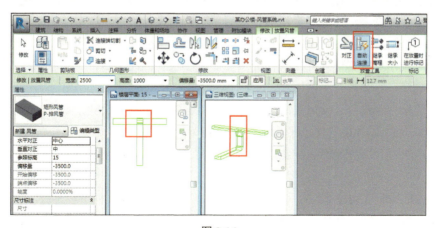

图 2-14

如果取消激活"自动连接",绘制两段不在同一高程的正交风管,则不会生成配件完成自动连接,如图 2-15 所示。

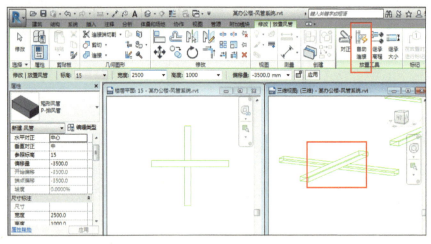

图 2-15

4．风管管件的使用

风管管路中包含大量连接风管的管件。下面将介绍绘制风管时管件的使用方法和主要事项。

1）放置风管管件

① 自动添加

绘制某一类型风管时,通过风管"类型属性"对话框中"管件"指定的风管管件,可以根据风管自动布局加载到风管管路中。目前一些类型的管件可以在"类型属性"对话框中指定弯头、T 形三通、接头、四通、过渡件（变径）、多形状过渡件矩形到圆形（天圆地方）、多形状过渡件椭圆形到圆形（天圆地方）、活接头。用户可根据需要选择相应的风管管件族。

② 手动添加

在"类型属性"对话框中的"管件"列表中无法指定的管件类型,例如偏移、Y 形三通、斜 T 形三通、斜四通、喘振（对应裤衩三通）、多个端口（对应非规则管件）,使用时需要手动插入到风管中或者将管件放置到所需位置后手动绘制风管。

2）编辑管件

在绘图区域中单击某一管件,管件周围会显示一组管件控制柄,可用于修改管件尺寸、调整管件方向和进行管件升级或降级,如图 2-16 所示。

在所有连接件都没有连接风管时,可单击尺寸标注改变管件尺寸,如图 2-16（a）所示。

单击 ⇆ 符号可以实现管件水平或垂直翻转 180°。

单击 ↻ 符号可以旋转管件。注意：当管件连接了风管后,该符号不会再出现,如图 2-16（b）所示。

如果管件的所有连接件都连接风管,则可能出现"+",表示该管件可以升级,如图 2-16（b）所示。例如,弯头可以升级为 T 形三通、T 形三通可以升级为四通等。

如果管件有一个未使用连接风管的连接件，在该连接件的旁边可能出现"–"，表示该管件可以降级，如图 2-16（c）所示。

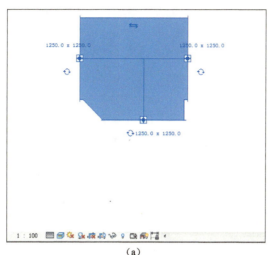

(a)

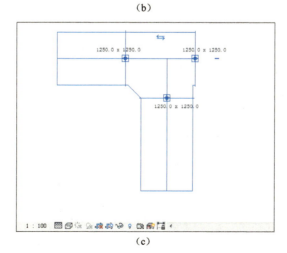

(b)

(c)

图 2-16

3) 风管附件放置

单击"系统"选项卡>"风管附件",在"属性"对话框中选择需要插入的风管附件,插入到风管中,如图 2-17 所示。

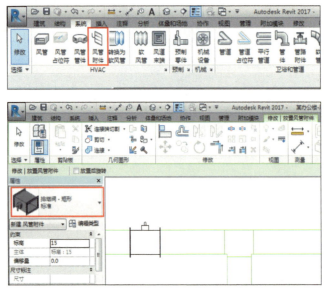

图 2-17

不同零件类型的风管管件,插入到风管中,安装效果不同,零件类型为"插入"或"阻尼器"(对应阀门)的附件,插入到风管中将自动捕捉风管中心线,单击放置风管附件,附件会打断风管直接插入到风管中,如图 2-18(a)所示。零件类型为"附着到"的风管附件,插入到风管中将自动捕捉风管中心线,单击放置风管附件,附件将连接到风管一端,如图 2-18(b)所示。

(a)　　　　　　　　　　　　　　(b)

图 2-18

5. 绘制软风管

单击"系统"选项卡>"软风管",如图 2-19 所示。

图 2-19

1) 选择软风管类型

在软风管"属性"对话框中选择需要绘制的风管类型。目前 Revit MEP 2017 提供一种矩形软管和一种圆形软管，如图 2-20 所示。

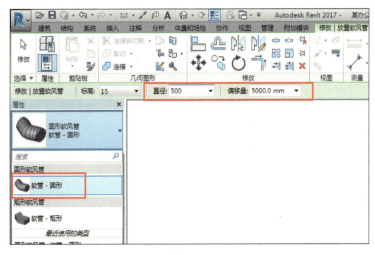

图 2-20

2) 选择软风管尺寸

对于矩形风管，可在"修改|放置软风管"选择卡的"宽度"或"高度"下拉列表中选择在"机械设置"中设定的风管尺寸。对于圆形风管，可在"修改|放置软风管"选择卡的"直径"下拉菜单中选择直径大小。如果在下拉列表中没有需要的尺寸，可以直接在"高度"、"宽度"、"直径"中输入需要绘制的尺寸。

3) 指定软管偏移量

"偏移量"是指软风管中心线相对于当前平面标高的距离。在"偏移量"下拉列表中，可以选择项目中已经用到的软风管/风管偏移量，也可以直接输入自定义的偏移量数值，默认单位为 mm。

4) 指定风管起点和终点

在绘图区域中，单击指定软风管的起点，沿着软风管的路径在每个拐点单击，最后在软管终点按 Esc 键，或者单击鼠标右键，在弹出的快捷菜单中选择"取消"命令。

5) 修改软管

在软管上拖曳两端连接件、顶点和切点，可以调整软风管路径，如图 2-21 所示。

图 2-21

：连接件，出现在软风管的两端，允许重新定位软管的端点。通过连接件，可以将软管与另一构件的风管连接件连接起来，或断开与该风管连接件的连接。

：顶点，沿软风管的走向分布，允许修改风管的拐点。在软风管上单击鼠标右键，在弹出的快捷菜单中可以"插入顶点"或"删除顶点"。使用顶点可在平面视图中以水平方向修改软件风管的形状，在剖面视图或立面视图中以垂直方向修改软风管的形状。

：切点，出现在软管的起点和终点，允许调整软风管的首个和末个拐点处的连接方向。

6. 软风管样式

软风管"属性"对话框中"软管样式"共提供了 8 种软风管样式，通过选取不同的样式可以改变软风管在平面视图的显示。部分矩形软风管样式如图 2-22 所示。

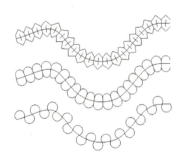

图 2-22

7. 设备接管

设备的风管连接件可以连接风管和软风管。连接风管和软风管的方法类似，下面将以连接风管为例，介绍设备连接管的 3 种方法。

第一种方法：

单击选中设备，用鼠标右键单击设备的风管连接件，在弹出的快捷菜单中选择"绘制风管"命令，如图 2-23 所示。

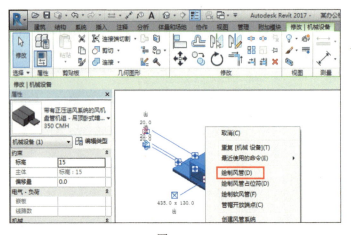

图 2-23

第二种方法：

直接拖曳已绘制的风管到相应设备的风管连接件，风管将自动捕捉设备上的风管连接件，完成连接，如图 2-24 所示。

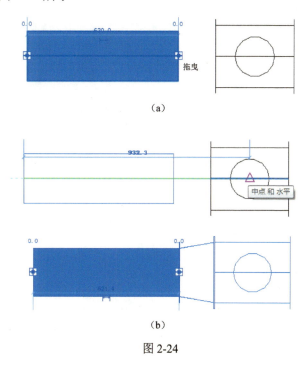

图 2-24

第三种方法：

使用"连接到"功能为设备连接风管。单击需要连接的设备，单击"修改/机械设备"选项卡>"连接到"，如果设备包含一个以上的连接件，将打开"选择连接件"对话框，选择需要连接风管的连接件，单击"确定"按钮，然后单击该连接件所有连接到的风管，完成设备与风管的自动连接，如图 2-25 所示。

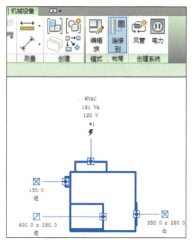

图 2-25

8. 风管的隔热层和衬层

Revit MEP 可以为风管管路添加隔热层和衬层。分别设置隔热层和内衬的类型、类型属性及厚度，如图 2-26～图 2-29 所示。

图 2-26

图 2-27

图 2-28

图 2-29

分别编辑风管和风管管件的属性，输入所需要的隔热层和衬层厚度，如图 2-30 所示。当视觉样式设置为"线框"时，可以清晰地看到隔热层和衬层。

第 2 章 暖通功能及案例讲解

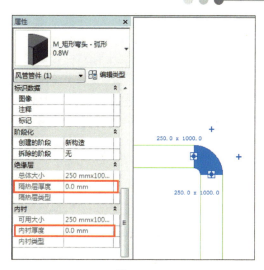

图 2-30

2.1.3 风管显示设置

1. 视图详细程度

Revit MEP 2017 的视图可以设置 3 种详细程度：粗略、中等和精细，如图 2-31 所示。

图 2-31

在粗略程度下，风管默认为单线显示；在中等和精细程度下，风管默认为双线显示，如表 2-1 所示。

表 2-1

详细程度		粗 略	中 等	精 细
矩形风管	平面视图			
	三维视图			

2. 可见性/图形替换

单击功能区中的"视图"选项卡>"可见性/图形替换",或者通过快捷键 VG 或 VV 打开当前视图的"可见性/图形替换"对话框。在"模型类别"选项卡中可以设置风管的可见性。设置"风管"族类别可以整体控制风管的可见性,还可以分别设置风管族的子类别,如衬层、隔热层等分别控制不同子类别的可见性。如图 2-32 所示的设置表示风管族中所有子类别都可见。

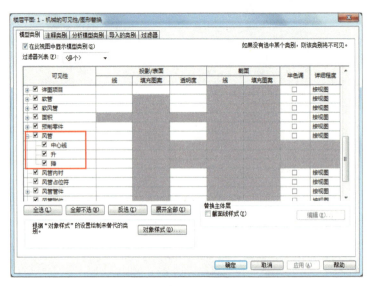

图 2-32

3. 隐藏线

单击机械下方箭头,"机械设置"对话框中"隐藏线"的设置用来设置图元之间交叉、发生遮挡关系时的显示,如图 2-33 所示。

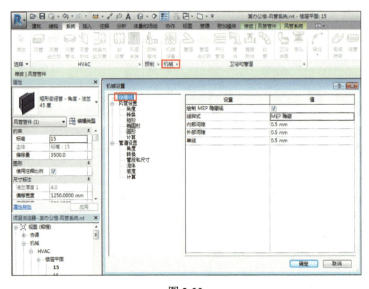

图 2-33

2.1.4 风管标注

风管标注和水管标注的方法基本相同,将在 3.1.4 节"管道标注"中介绍。

技术应用要点分析:如何创建新类型的风管系统

(1)在项目浏览器中,选择"风管系统"中的"SF 送风",如图 2-34 所示。

(2)用鼠标右键单击"SF 送风",在弹出的快捷菜单中选择"复制"命令。选择"SF 送风 2",单击鼠标右键,在弹出的快捷菜单中选择"重命名"命令。输入"高压送风"即可,如图 2-35 所示。

图 2-34 　　　　　　　　图 2-35

【说明】Revit 预定义 11 种管道系统分类:循环供水、循环回水、卫生设备、家用热水、家用冷水、通风孔、湿式消防系统、干式消防系统、预作用消防系统、其他消防系统、其他。可以基于预定义的 11 种系统分类来添加新的管道系统类型,如可以添加多个属于"家用冷水"分类下的管道系统类型,如图 2-36 所示的"家用冷水"和"家用冷水 2"等。但不允许定义新的管道系统分类,如不能自定义添加"燃气供应"系统分类。添加新的管道系统类型时要注意选择与之匹配的系统分类,如图 2-37 所示。

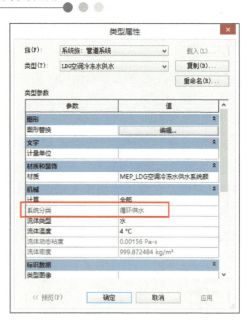

图 2-36　　　　　　　　　　　　　　　图 2-37

2.2　案例讲解及项目准备

首先使用 AutoCAD 软件打开本书配套资源中的"CAD 底图"文件夹，可以看到如图 2-38 所示的施工图纸。

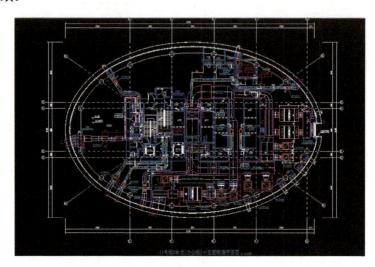

图 2-38

图纸为某办公楼十五层暖通平面图，其中包含送风系统和排风系统。这两个系统又分别由送风管、排风管、送风机、排风机等部分组成。各个风管通过送风机、排风机连接成完整的通风系统。

此节将按照此平面图，利用 Revit MEP 搭建暖通模型。

2.2.1 新建项目文件

单击"应用程序菜单">"新建">"项目",打开"新建项目"对话框,如图 2-39 所示。单击"浏览"按钮,选择项目样板文件后单击"确定"按钮。

图 2-39

2.2.2 链接模型

新建项目后,将建筑结构模型链接到项目文件中。

单击功能区中的"插入"选项卡>"链接 Revit",打开"导入/链接 RVT"对话框,如图 2-40 所示,选择要链接的建筑模型"某办公楼-建筑结构.rvt",并在"定位"下拉列表中选择"自动-原点到原点",单击右下角的"打开"按钮,建筑模型就链接到了项目文件中。

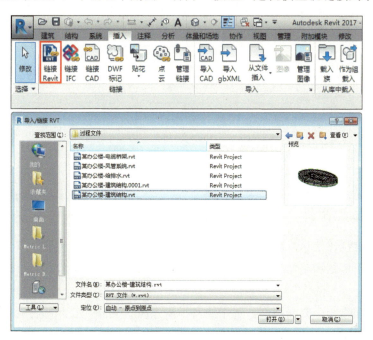

图 2-40

2.2.3 标高轴网及平面视图的创建

1. 复制标高

链接建筑模型后，切换到某个立面视图。例如，切换到"立面（建筑立面）">"东-机械"，如图 2-41 所示，发现在绘图区域中有两套标高，一套是"机械样板"项目样板文件自带的标高，一套是链接模型的标高。在项目浏览器的"视图（规程）"下也能发现楼层平面和天花板平面视图中的标高是项目样板文件自带的标高。

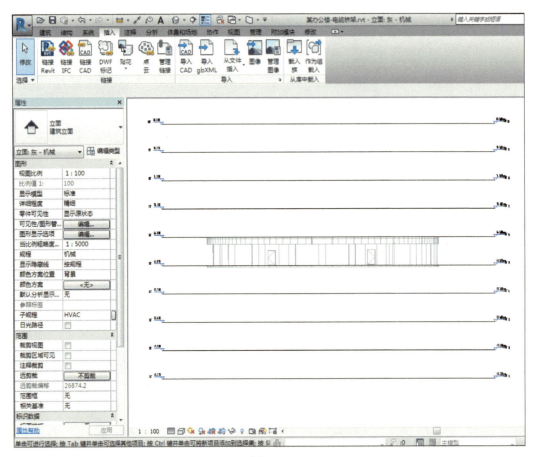

图 2-41

为了共享建筑设计信息，需要先删除自带的平面和标高，然后使用"复制"工具（该工具不同于其他用于复制和粘贴的复制工具）复制并监视建筑模型的标高。具体操作步骤如下。

方法一：

（1）切换到任意一个立面视图，选中原有标高，将其删除。在删除时会出现一个警告对话框，如图 2-42 所示，提示各视图将被删除，单击"确定"按钮。

（2）单击功能区中的"协作"选项卡>"复制/监视">"选择链接"，如图 2-43 所示。

第 2 章 暖通功能及案例讲解

图 2-42

图 2-43

（3）在绘图区域中拾取链接模型后，激活"复制/监视"选项卡，单击"复制"激活"复制/监视"选项栏，如图 2-44 所示。

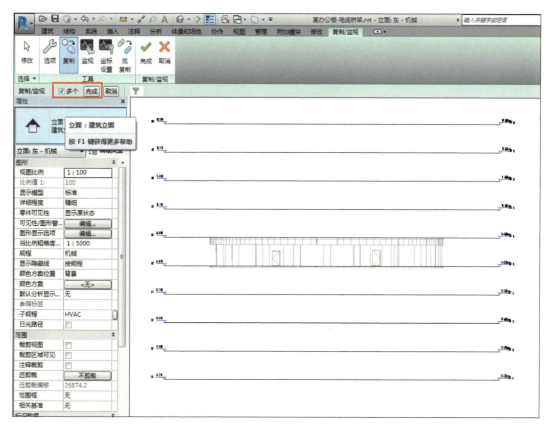

图 2-44

（4）勾选"复制/监视"选项栏中的"多个"复选框，然后在立面视图中选择标高 15F、

16F，单击"确定"按钮后，在选项栏中单击"完成"按钮，再单击选项卡中的按钮，完成复制。这样既创建了链接模型标高的副本，又在复制的标高和原始标高之间建立了监视关系。如果所链接的建筑模型中的标高有变更，打开该 MEP 项目文件时，会显示警告。同样，复制监视轴网，项目中的其他图元如墙、卫浴装置等均可通过此步骤复制监视。

方法二：直接将链接模型锁定，则模型将不可更改，如图 2-45 所示。

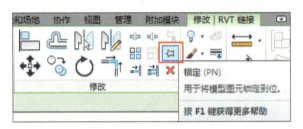

图 2-45

2. 创建平面视图

删除项目文件中自带的标高后，项目文件中自带的楼层平面及天花板平面也会被删除，所以需要创建与建筑模型标高相对应的平面视图，具体步骤如下：

（1）单击功能区中的"视图"选项卡>"平面视图">"楼层平面"，打开"新建楼层平面"对话框，如图 2-46 所示。

图 2-46

（2）选择标高 15F 和 16F，然后单击"确定"按钮。

（3）平面视图名称将显示在项目浏览器中。其他类型平面视图，如天花投影平面视图的创建方法与上述方法类似。

（4）单击"项目浏览器">"机械">"HAVC">"楼层平面">"15 层"，打开 15 层平面图，可以看到由于链接的建筑模型在链接时是以"原点对原点"的方式链接的，所以链接的模型平面图不在 4 个立面视图的中间。这时，可以调整 4 个立面视图，使建筑模型在平面视图中间，如图 2-47 所示。

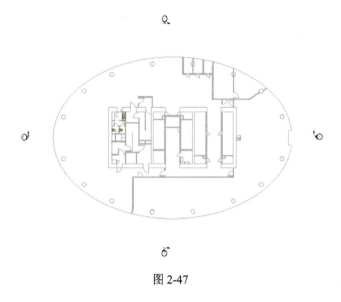

图 2-47

3．创建轴网

创建完平面视图后，需要绘制轴网，具体步骤如下：

单击"建筑"选项卡中"基准"面板下的"轴网"命令，在平面中绘制轴网，如图 2-48 所示。

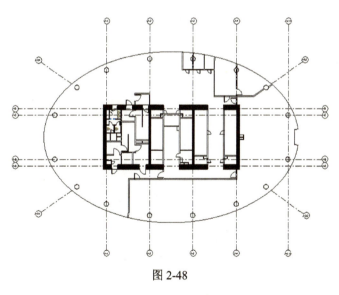

图 2-48

4．保存该项目文件

将复制好的标高轴网的项目文件保存并复制两份，分别用于水系统的绘制及电气系统的绘制。分别命名为"风系统模型"、"水系统模型"和"电气系统模型"。

2.2.4 导入 CAD

导入 CAD 模型的具体步骤如下：

（1）单击"插入"选项卡>"导入 CAD"，打开"导入 CAD 格式"对话框，选择"11 号楼 2 单元（办公楼）十五层暖通平面图.dwg"，"导入单位"为"毫米"，"定位"为"自动-原点到原点"，"放置于"为"15"，单击"确定"按钮，如图 2-49 所示。

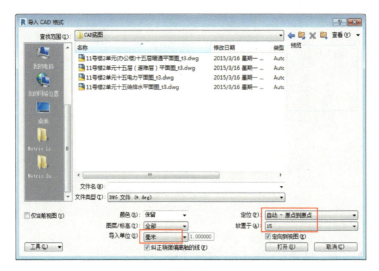

图 2-49

（2）导入 CAD 后，若 CAD 与建筑模型不重合，则使用"对齐"命令，以轴网交点为基准点将 CAD 底图与建筑模型对齐，并将 CAD 底图进行锁定，如图 2-50 所示。

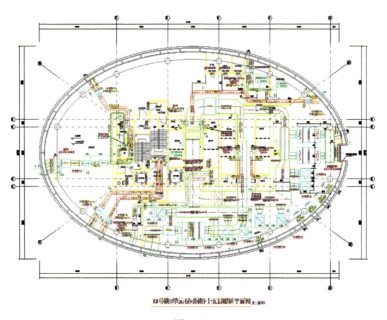

图 2-50

技术应用要点分析：如何只移动项目基点

在 Revit 中如果进行项目基点的移动或者修改坐标的话，整个项目的其他所有图元都会跟着移动，如何只移动项目基点呢？具体步骤如下。

（1）项目基点默认一般都是不显示的。首先在如图 2-51 所示的对话框中勾选"项目基点"复选框，将项目基点显示出来。

图 2-51

（2）选中项目基点，单击左上角的"修改点的裁剪状态"按钮，出现红色的斜杠即为正确，如图 2-52 所示。

图 2-52

（3）这时就可通过移动命令或者修改坐标来移动项目基点，如图 2-53 所示。

图 2-53

（4）移动之后，重新单击左上角的"修改点的裁剪状态"按钮，变为原始状态即可，这样就完成了项目基点的移动或者坐标设置，如图 2-54 所示。

图 2-54

2.3 风系统模型的绘制

风系统基本上由空调风系统、通风系统及排烟等系统组成,空调风系统又可分为送风系统、回风系统和新风系统。本节中将讲解绘制风管、添加管件和创建风系统的方法。

在平面视图中,依据导入的 CAD 绘制,暂时不需要链接建筑模型,所以首先隐藏建筑模型在平面视图中的可见性:在楼层平面"属性"对话框的"可见性/图形替换"中单击"编辑"按钮,弹出"楼层平面:15 的可见性/图形替换"对话框,选择"Revit 链接"选项卡,取消勾选"某办公楼-建筑结构.rvt"复选框,单击"确定"按钮,完成视图可见性的设置,如图 2-55 所示。

图 2-55

2.3.1 绘制风管

1. 风管属性的设置

(1)单击"系统"选项卡>"风管"(快捷键 DT),如图 2-56 所示。进入风管绘制界面。

第 2 章 暖通功能及案例讲解

图 2-56

（2）单击"属性"对话框中的"编辑类型"按钮，打开"类型属性"对话框，在"类型"下拉列表中有 4 种可供选择的管道类型，分别为半径弯头/T 形三通、半径弯头/接头、斜接弯头/T 形三通和斜接弯头/接头（不同项目样板的分类名称不一样，但原理相同）。它们的区别主要在于弯头和支管的连接方式，其命名是以连接方式来区分的（半径弯头/斜接弯头表示弯头的连接方式，T 形三通/接头表示支管的连接方式），如图 2-57 和图 2-58 所示。

图 2-57

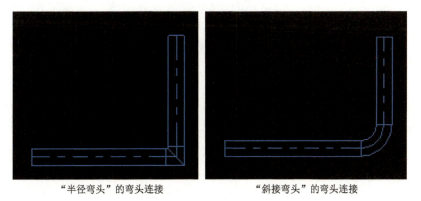

图 2-58

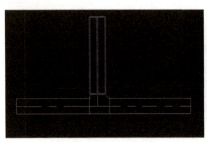
"T 形三通"的支管连接

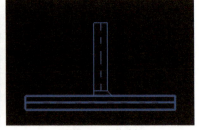
"接头"的支管连接

图 2-58（续）

在"机械"列表中可以看到弯头、首选连接类型等构件的默认设置，管道类型名称与弯头、首选连接类型的名称之间是有联系的，各个选项的设置功能如下。

- 弯头：设置风管方向改变时所用弯头的默认类型。
- 首选连接类型：设置风管支管连接的默认方式。
- T 形三通：设置 T 形三通的默认类型。
- 接头：设置风管接头的类型。
- 四通：设置风管四通的默认类型。
- 过渡件：设置风管变径的默认类型。
- 多形状过渡件：设置不同轮廓风管间（如圆形和矩形）的默认连接方式。
- 活接头：设置风管活接头的默认连接方式，它和 T 形三通是首选连接方式的下级选项。

这些选项设置了在管道的连接方式，绘制管道过程中不需要改变风管的设置，只需改变风管的类型即可，减少了绘制的麻烦。

选择"风管"工具，或输入快捷键 DT，修改风管的尺寸值、标高值，绘制一段风管，然后输入变高程后的标高值；继续绘制风管，在变高程的地方就会自动生成一段风管的立管。立管的连接形式因弯头的不同而不同，如图 2-59 和图 2-60 所示为立管的两种形式。

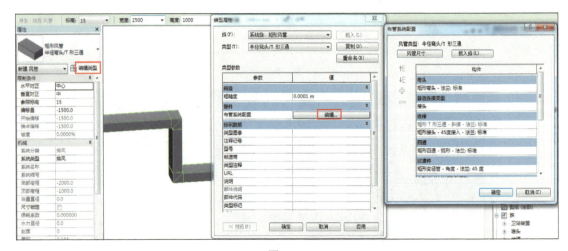

图 2-59

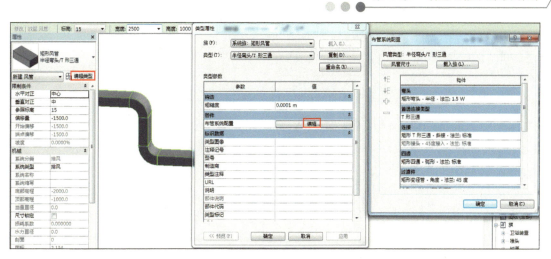

图 2-60

2. 绘制风管

(1) 首先来创建送风系统的主风管。单击"系统"选项卡>"HVAC">"风管",在"属性"对话框中单击"编辑类型"按钮,打开"类型属性"对话框。单击"复制"按钮弹出"名称"对话框,输入"s_送风管",单击"确定"按钮,如图 2-61 所示。

(2) 设置风管的参数。修改管件类型如图 2-62 所示,如果在下拉列表中没有所需类型的管件,可以从族库中导入。

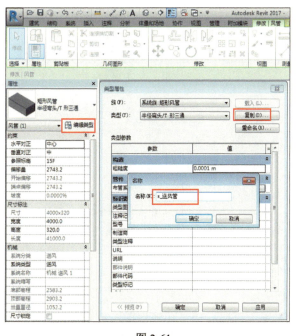

图 2-61

图 2-62

(3) 绘制左侧楼梯间左边的送风风管。根据 CAD 底图,在选项栏中设置风管的宽度为 630,高度为 400,偏移量为 3 265,如图 2-63 所示。

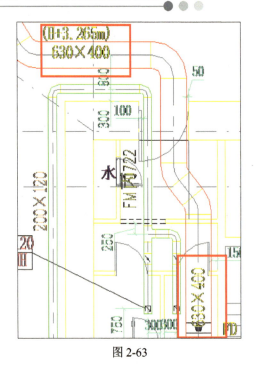

图 2-63

(4) 绘制如图 2-64 所示的一段风管，风管的绘制需要单击两次，第一次单击确认风管的起点，第二次单击确认风管的终点。绘制完毕后单击"修改"选项卡>"编辑">"对齐"，将绘制的风管与底图位置对齐并锁定。

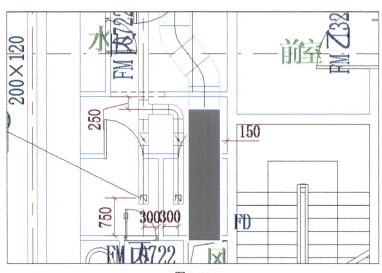

图 2-64

(5) 选择绘制的风管，在末端小方块上单击鼠标右键，在弹出的快捷菜单中选择"绘制风管"命令，如图 2-65 所示，继续绘制下一段风管，连续绘制后面的管段，在转折处系统会根据设置自动生成弯头，绘制完毕后单击"修改"选项卡>"编辑">"对齐"，将绘制的风管与底图位置对齐，如图 2-66 所示。

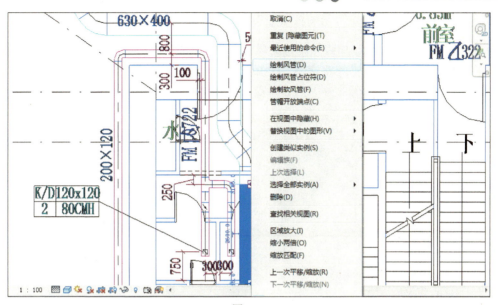

图 2-65

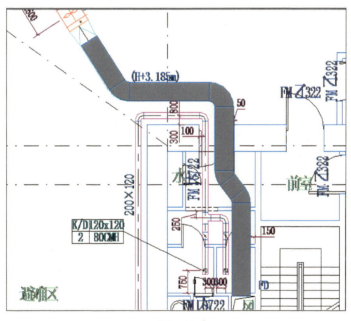

图 2-66

2.3.2 添加并连接主要设备

1. 添加风机

1）载入风机族

单击"插入"选项卡>"从库中载入">"载入族",选择本书配套资源中的风机族文件,单击"打开"按钮,将该族载入项目中。

2）放置风机

风机放置方法是，直接添加到绘制好的风管上，所以先绘制好风管再添加风机。按 CAD 底图路径绘制风管，设置风管的宽度为 1 000，高度为 800，偏移为 3 265，如图 2-67 所示，将风管连接到已经绘制好的排风管上，系统自动生成连接。

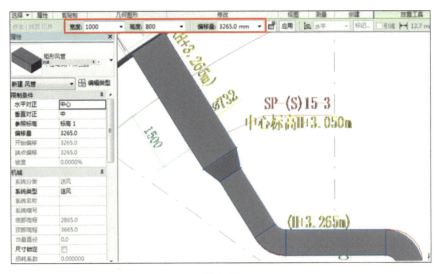

图 2-67

单击"系统"选项卡>"机械">"机械设备"，在右侧的类型选择器中选择排风机（如果没有此族，需从本书配套资源中载入族），在"属性"对话框中修改排风机尺寸"直径：366"，然后在绘图区域排风机所在位置单击，即可将风机添加到项目中，如图 2-68 所示。因为案例中风机两边的风管尺寸不同，如果风机放置在靠较细的风管一端，系统会提示错误，所以在放置时，可以暂时不按照 CAD 底图的位置放置，后面再进行调整即可。

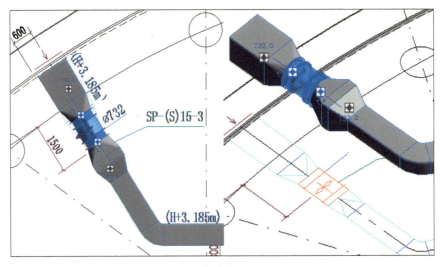

图 2-68

添加完风机，将视图视觉样式更换为"线框"模式，可以看到，添加的风机与绘制的 CAD 底图不能重合，如图 2-69 所示。

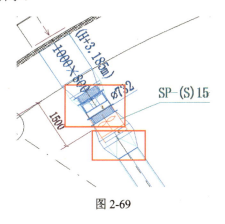

图 2-69

此时，需要修改风机与较细的风管的连接。选择风机与较细风管间系统自动生成的连接件并删除，如图 2-70 所示。

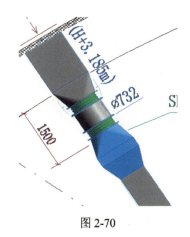

图 2-70

使用"对齐"命令将风机与 CAD 底图的风机对齐，选择将与风机连接的风管，拖动其端点至风机中心，系统自动生成连接。在拖动时，如果系统不能自动捕捉到风机的中点，可按住 Tab 键辅助选择。有时因风管连接不整齐，风管中间会出现风管管件，如图 2-71 所示。

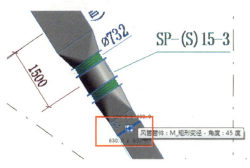

图 2-71

此时，可以删除管件，然后选中风管，单击风管末端并拖曳，将风管拖曳到要连接风管的末端，直至出现如图 2-72 所示的点。

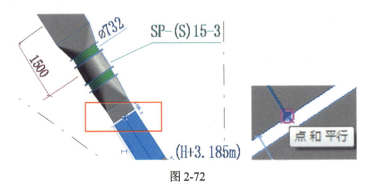

图 2-72

使用相同的方法添加其他风机，如图 2-73 所示。

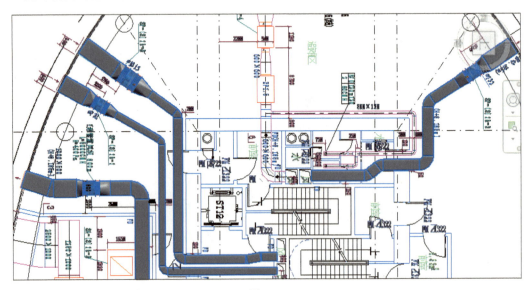

图 2-73

2. 添加消声静压箱

在本项目中的消声静压箱有两种，单击"插入"选项卡＞"从库中载入"＞"载入族"，选择本书配套资源中的"消声静压箱"、"消声静压箱（两风口）"、"消声静压箱（三风口）"。"消声静压箱（两风口）"与添加风机的方式类似，先绘制风管，再插入静压箱，静压箱两端会自动连接到风管；"消声静压箱"和"消声静压箱（三风口）"也可以通过先放置好静压箱，再从静压箱的连接口绘制风管与风管连接。

复制一个新的矩形风管，命名为"P-排风管"，设置类型属性如图 2-74 所示。

第 2 章 暖通功能及案例讲解

图 2-74

绘制排风管，如图 2-75 所示。

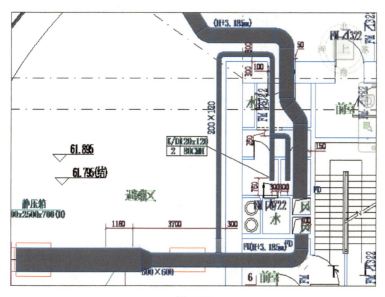

图 2-75

首先添加"消声静压箱（两风口）"，单击"系统"选项卡>"机械设备"，在类型选择器中选择"消声静压箱（两风口）"，在"属性"对话框设置设备和风口的尺寸（设置"长度：1 500"、"宽度：1 000"、"风口 1 宽度：600"、"风口 1 高度：600"、"风口 2 宽度：600"、"风管 2 高度：600"），放置在图 2-75 所示的位置。使用"对齐"命令，使之与 CAD 对齐，如图 2-76 所示。

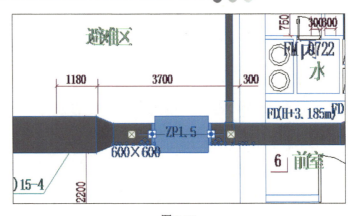

图 2-76

使用相同的方法插入另外一个静压箱,设置尺寸分别为:"长度:1 500"、"宽度:1 400"、"风口 1 宽度:1 000"、"风口 1 高度:500"、"风口 2 宽度:1 000"、"风管 2 高度:500",如图 2-77 所示。

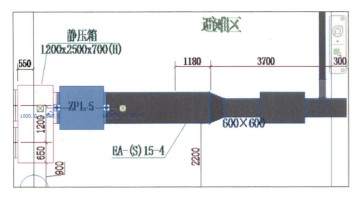

图 2-77

单击"系统"选项卡>"机械设备",在类型选择器中选择"消声静压箱(三风口)",首先需设置静压箱的偏移量,在"属性"对话框中修改偏移量为 2 285,放置在 CAD 底图所示的位置并对齐,如图 2-78 所示。

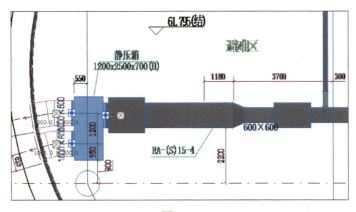

图 2-78

选择上述插入的静压箱,单击右侧的⊠按钮,绘制风管连接"消声静压箱(两风口)",如图 2-79 所示。

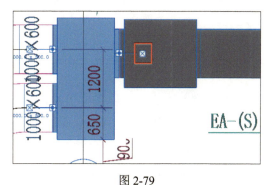

图 2-79

按照上述方法绘制静压箱的其他连接管,如图 2-80 所示。

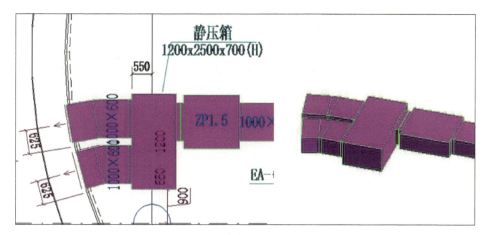

图 2-80

按照上述添加风机的方式添加该段管中的风机,直径为 475,如图 2-81 所示。

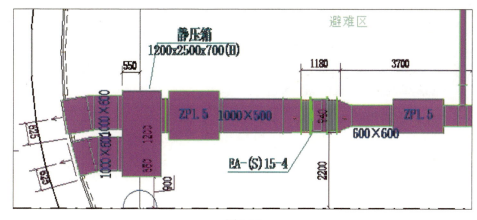

图 2-81

3. 添加空调机组

机组的添加方式与添加消声静压箱的方式相同，需要首先放置好机组，再与风管连接。

首先绘制与风机相连的送风管，单击"风管"，选择"S-送风管"，设置风管按 CAD 底图所示，偏移量为 200，在属性栏设置"垂直偏移：底"，绘制风管如图 2-82 所示。

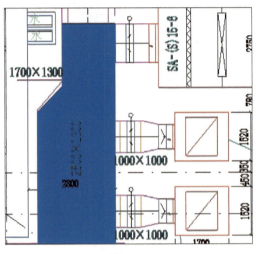

图 2-82

使用"风管"工具继续绘制送风管，设置风管尺寸为"2 500×1 300"，偏移量为"200"，垂直对正为"底"，绘制风管，放置在 CAD 底图所示的交叉处，修改风管偏移量为"1 500"，继续绘制风管，如图 2-83 所示，使用"对齐"命令对齐。

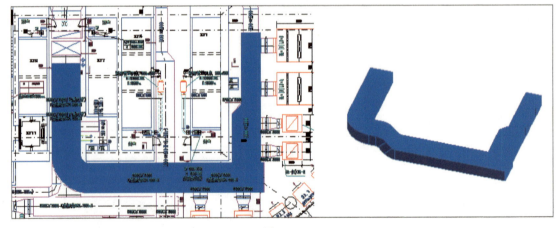

图 2-83

然后绘制排风管，按 CAD 底图设置尺寸，偏移量为"3 185"，垂直偏移为"顶"，绘制排风管如图 2-84 所示。

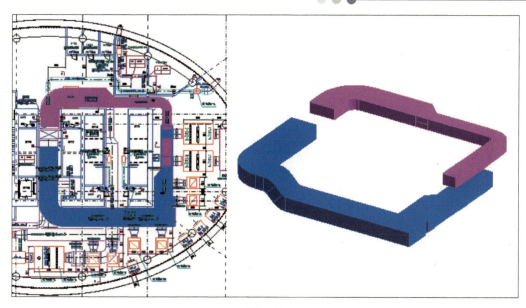

图 2-84

4. 放置空调机组

单击"插入"选项卡>"从库中载入">"载入族",选择本书配套资源中的"空调机组"导入到项目中。

单击"系统"选项卡>"机械设备",选择类型"空调机组 1",在"属性"对话框中设置偏移量为 200,放置在图 2-85 所示的位置,将有两个连接口的一侧靠近风管,按空格键可变换机组的方向。

图 2-85

5. 连接风管与机组

选择机组,单击机组左侧连接口前的 ⊠ 按钮,选择第一个连接件,选择类型"P-排风管",绘制风管至排风管,系统自动生成连接,如图 2-86 所示。

图 2-86

选择机组，单击机组左侧连接口前的⊠按钮，选择类型"S-送风管"，绘制风管至送风管，系统自动生成连接，如图 2-87 所示。

图 2-87

使用相同的方法添加其他的连接风管，如图 2-88 所示。

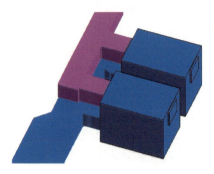

图 2-88

6. 连接机组与静压箱

单击"系统"选项卡>"机械设备"，选择"消音静压箱"，设置其偏移量为 2 100，放置在 CAD 所示的位置，如图 2-89 所示。

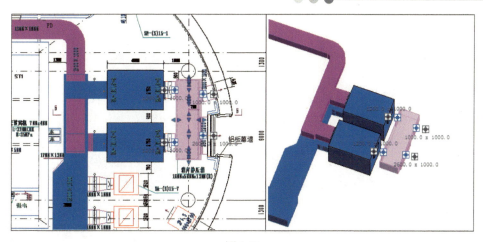

图 2-89

选择静压箱，单击 ⊠ 按钮，绘制风管至机组连接口，选择"P-排风管"，如图 2-90 所示。

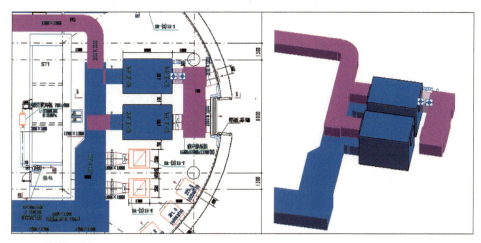

图 2-90

绘制其他连接口，如图 2-91 所示。

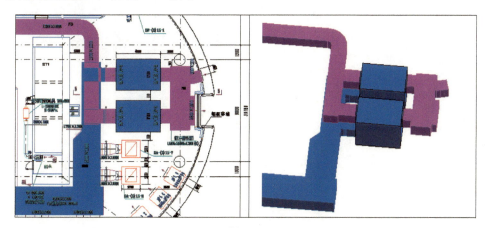

图 2-91

7. 添加风机箱

单击"插入"选项卡>"从库中载入">"载入族",选择本书配套资源中的"风机箱"导入到项目中。

单击"系统"选项卡>"机械设备",选择类型"风机箱",放置在图 2-92 的位置,将有一个连接口的一侧靠近风管,按空格键可变换机组的方向。

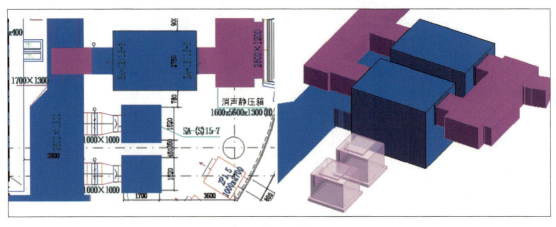

图 2-92

8. 连接风机箱

选择风机箱,用鼠标右键单击⊠,在弹出的快捷菜单中选择"绘制风管"命令,选择"S-送风管",绘制风管至送风管道,先绘制一小段尺寸为 800×630,再修改管道尺寸为 1 000×1 000,如图 2-93 所示。如果绘制时提示空间不足,可以先绘制一段,再拖动至大风管。

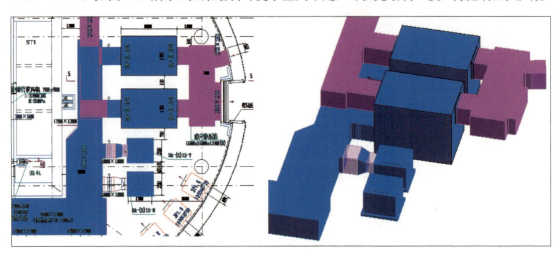

图 2-93

按照上述方法连接另一风机,如图 2-94 所示。

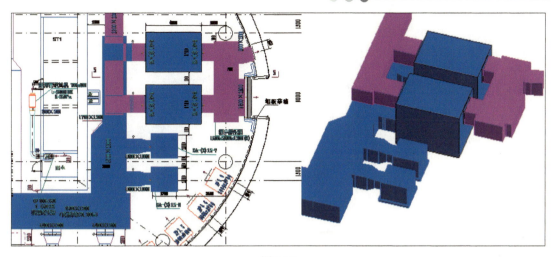

图 2-94

项目中所涉及的风管及主要设备的绘制和添加方式都已介绍完毕,读者可根据上述方法添加设备。按照 CAD 底图完成风管项目,如图 2-95 和图 2-96 所示。

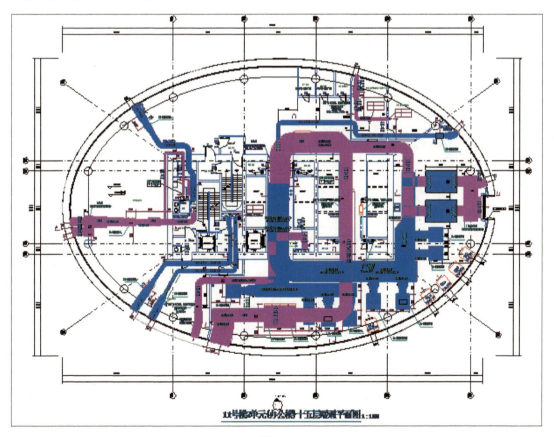

图 2-95

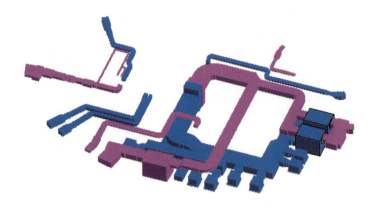

图 2-96

2.3.3 风管颜色的设置

一个完整的空调风系统包括送风系统、回风系统、新风系统、排风系统等。为了区分不同的系统，可以在 Revit MEP 样板文件中设置不同系统的风管颜色，使不同系统的风管在项目中显示不同的颜色，以便于系统的区分和风系统概念的理解。

风管颜色的设置是为了在视觉上区分系统风管和各种附件，因此应在每个需要区分系统的视图中分别设置。以上文所建的系统为例，进入楼层平面 15 视图，直接输入快捷键 VV 或 VG，进入"可见性/图形替换"对话框，选择"过滤器"选项卡，如图 2-97 所示。

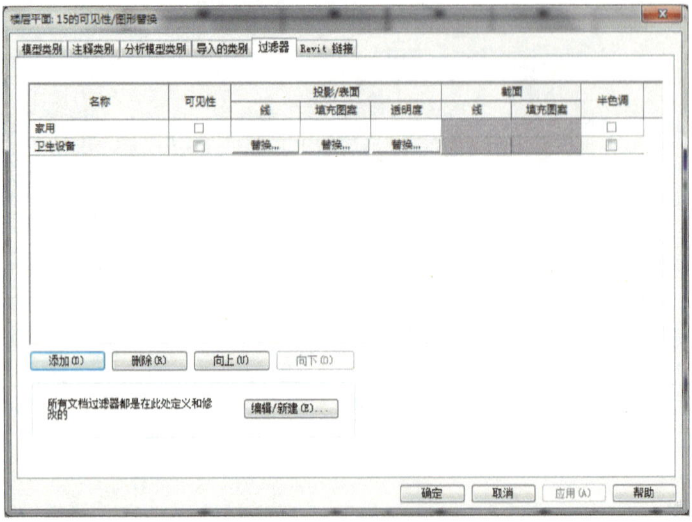

图 2-97

如果系统自带的过滤器中没有所需系统，则可以自定义，具体步骤如下：

（1）单击"可见性/图形替换"对话框中的"添加"按钮，打开"添加过滤器"对话框，单击"编辑/新建"按钮，打开"过滤器"对话框，单击"新建"按钮，打开"过滤器名称"对话框，将名称定义为"S-送风"，如图 2-98 所示。

图 2-98

（2）设置过滤条件。在"类别"区域中勾选"风管"复选框，在"过滤条件"中选择"系统名称"、"包含"、"送风"，如图 2-99 所示。完成后单击"确定"按钮。

图 2-99

（3）使用相同的方法再创建一个"P-排风"的过滤条件，如图 2-100 所示。完成后单击"确定"按钮。

图 2-100

在"添加过滤器"对话框中选择"S-送风"、"P-排风",单击"确定"按钮,如图 2-101 所示。"S-送风"、"P-排风"则添加到了过滤器中。

图 2-101

勾选的选项待设置完成后会被着色,单击"投影/表面"下的"填充图案",按如图 2-102 进行设置,设置完毕后单击两次"确定"按钮。

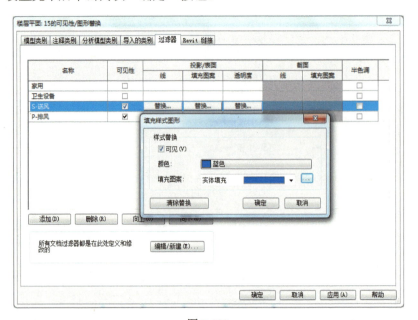

图 2-102

单击"确定"按钮,回到平面视图,显示如图 2-103 所示。

同样,修改 P-排风系统的颜色,如图 2-104 和图 2-105 所示。

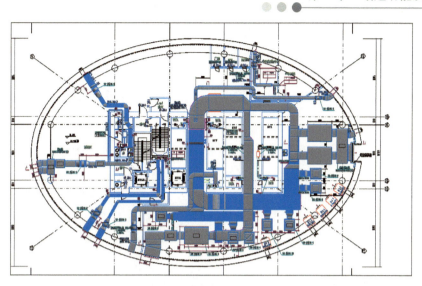

图 2-103

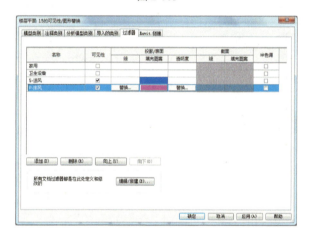

图 2-104

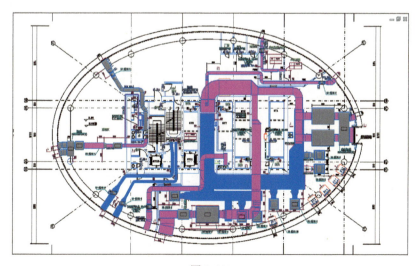

图 2-105

三维视图如有着色需要，需重新设置（设置方法同平面），在平面视图中设置的过滤器不会在三维视图中起作用，如图 2-106 所示。

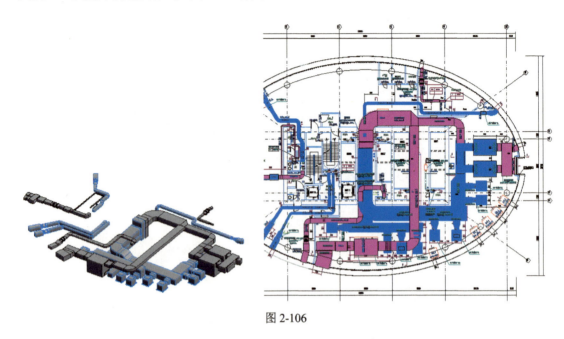

图 2-106

至此，风系统模型绘制完毕，保存即可。

技术应用要点分析：连接两根不同高度管道时出现报错

（1）在三维图中只有在上视图和下视图中才可以绘制水平管，下面用风管举例。图 2-107 所示为标高相近但不同的两个水平管的三维图，如果直接拖动连接会弹出"找不到自动布线解决方案"报错对话框。

图 2-107

（2）这时我们用"打断"命令把左边风管打断，从而多出一根新的水平管，如图 2-108 所示。

（3）把三维视图转到和管平齐的前视图，把刚才那根新水平管拉动生成一个理想的角度，方便后面的连接，如图 2-109 所示。

第 2 章 暖通功能及案例讲解

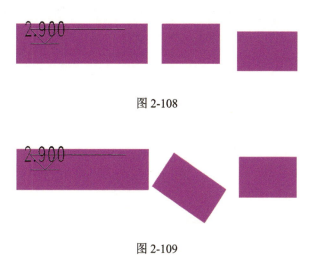

图 2-108

图 2-109

（4）再通过"修剪"命令把这三根管连接在一起，就实现了不同标高水平管的连接，并且生成的角度我们是可以控制的，如图 2-110 所示。

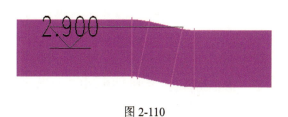

图 2-110

2.4 技术应用技巧

2.4.1 如何改变不同管径的风管对齐

（1）在默认的情况下，风管对齐的方式是中心对齐，如图 2-111 所示。

图 2-111

（2）在大部分情况下，风管的安装都需要不同管径的风管顶部对齐，可以选择风管的对齐方式。在选中需要对齐的风管后，在"修改|选择多个"选项卡下面会出现"对正"一项，如图 2-112 所示。

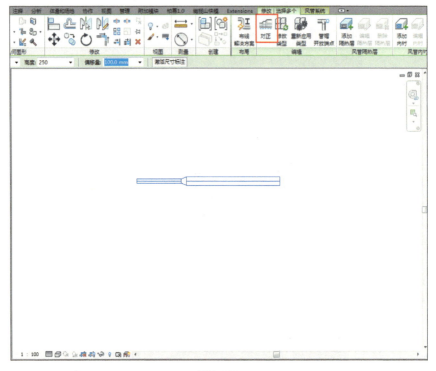

图 2-112

（3）单击"对正"后，在"对正编辑器"选项卡中会出现"对齐线"、"对齐方式"和"控制点"三项，如图 2-113 所示。

图 2-113

（4）对齐方式分为 9 种，分别是"顶部左对齐"、"顶部居中对齐"、"顶部右对齐"、"中间左对齐"、"中间居中对齐"、"中间右对齐"、"底部左对齐"、"底部居中对齐"、"底部右对齐"，在软件中以示意图的方式列举出来。选择需要的对齐方式，然后点选"完成"即可完成对齐方式的修改。

下面对比一下顶部居中对齐与默认对齐方式的不同，如图 2-114 所示。

图 2-114

（5）在选中需要对齐的风管时，会默认以绘制方向首端的风管为对齐的基准，被选为基准的风管处会出现一个红色的箭头，如图 2-115 所示。

图 2-115

（6）如果需要更改基准的风管，可以单击"控制点"选项，基准风管就会切换到另一端的第一根风管，如图 2-116 所示。

图 2-116

注意，基准风管只能够为被选中风管的首末两端的风管，不能以中间段风管作为基准风管。如果有很多连接在一起的风管需要对齐，可以用一小段一小段对齐的方法。

（7）最后是"对齐线"功能，对齐线为我们提供了一种更为直观的方法，选中需要对齐的风管，点选"对正"，然后点选"对齐线"，基准风管就会出现 9 条不同方向的基准线，可以选择其中一条基准线，被选中的基准线将会作为风管对齐的基准，如图 2-117 所示。

图 2-117

（8）按照上述方法可以创建出一个顶对齐的风管系统，如图 2-118 所示。

图 2-118

2.4.2 如何更改风管系统类型

在 MEP 中绘制的风管一般会由多个管段组成，系统类型也会多种多样，有两种快速的方法更改。

（1）方法一：使用 Tab 键选择风管或整个系统，用过滤器选择风管，在风管属性对话框中选择所需要的风管类型。

（2）方法二：对于连接良好的风管系统，通过创建风管明细表，添加族与类型字段，在风管明细表族与族类型下拉框中选择风管和配件类型，如图 2-119 所示。

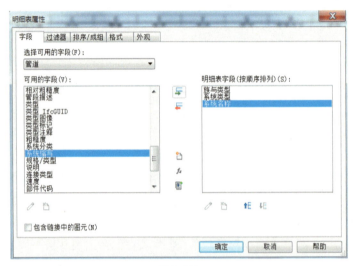

图 2-119

（3）在这里可以方便更改，如图 2-120 所示。

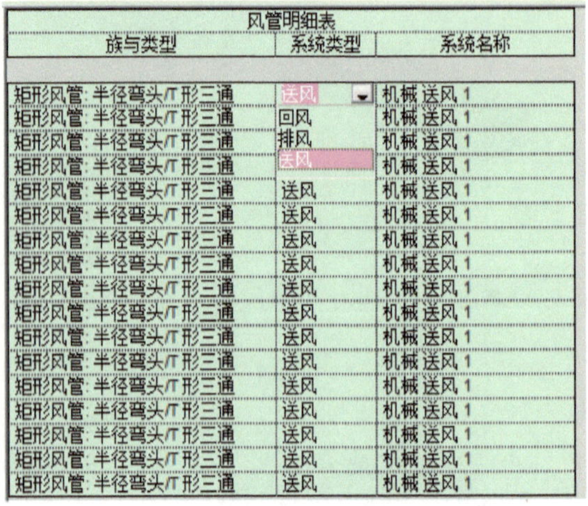

图 2-120

2.4.3　绘制风管或管道时出现"找不到自动布线解决方案"的原因

绘制风管或管道时总会遇到在画弯头连接时出现如图 2-121 所示的报错对话框。

图 2-121

（1）出现报错对话框的原因是空间不够大，所谓空间是指放弯头的空间，管和连接构件的距离要能够放置弯头。

（2）有时由于 CAD 中给的图不方便移管导致错位，使画出来的建模和设计者给定的图有误差，我们就可采用修改弯头的转弯半径。图 2-122 所示为样板里自带的三个弯头，分别代表三个转弯半径不同的三个弯头，1.0W 是 160mm 的半径，2.0W 是 480mm 的半径。

图 2-122

（3）如果 1.0W 满足不了用户的需要，我们还可以新建一个更小的弯头。单击如图 2-123 所示"编辑类型"按钮，在弹出的对话框中命名为相应半径乘数大小的类型名称，再把相应参数改过来，这时我们就得到了一个更小转弯半径的弯头，还可以节约弯头空间，如图 2-124 所示。

图 2-123

图 2-124

技术应用要点分析：利用"图例"对管线进行净高分析

（1）首先创建一个新的净高检查的楼层平面图，我们通过"复制视图：复制"的方式创建，并将其重命名为"净高检查+楼层"，如图 2-125 所示。

图 2-125

（2）然后在"分析"选项卡中选择"风管图例"，如图 2-126 所示。

图 2-126

（3）单击进入并放置图例，弹出如图 2-127 所示的对话框。

（4）单击"确定"按钮，选中图例后单击功能区中的"编辑颜色方案"，复制一个颜色方案，重命名为"净高"，并按图 2-128 所示进行设置。

（4）至少一项中填写项目要求的最低净高。单击"确定"按钮后风管的填充颜色就按照图例设置的改变，如图 2-129 所示。本例中满足净高要求的风管显示为紫红色，不满足的显示为蓝色。

第 2 章　暖通功能及案例讲解

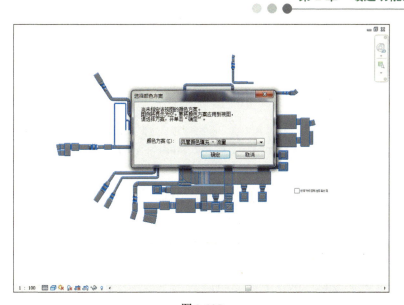

图 2-127

图 2-128

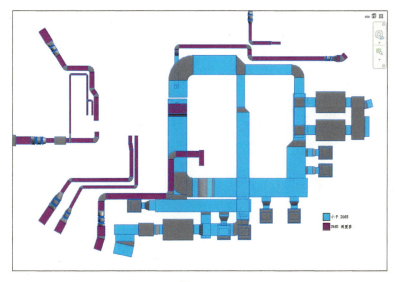

图 2-129

第 3 章　给水功能及案例讲解

水管系统包括空调水系统、生活给排水系统及雨水系统等。空调水系统又分为冷冻水、冷却水和冷凝水等系统。生活给排水分为冷水系统、热水系统和排水系统等。本章主要讲解水管系统在 Revit MEP 中的绘制方法。

3.1 管道设计功能

Revit MEP 为我们提供了强大的管道设计功能。利用这些功能，排水工程师可以更加方便、迅速地布置管道、调整管道尺寸、控制管道显示、进行管道标注和统计等。

3.1.1 设置管道设计参数

本节将着重介绍如何在 Revit MEP 中设置管道设计参数，做好绘制管道的准备工作。合理设置这些参数，可以有效减少后期管道的调整工作。

1. 管道尺寸设置

在 Revit MEP 中，通过"机械设置"中的"尺寸"选项设置当前项目文件中的管道尺寸信息。打开"机械设置"对话框的方式有如下几种：

- 单击"管理"选项卡>"设置">"MEP 设置">"机械设置"，如图 3-1 所示。

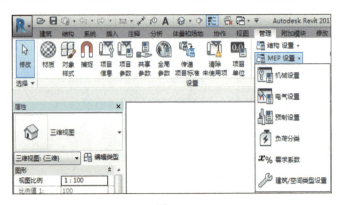

图 3-1

- 单击"系统"选项卡>"机械",如图 3-2 所示。

图 3-2

- 直接键入 MS(机械设置快捷键)。

1)添加/删除管道尺寸

打开"机械设置"对话框后,选择"管段和尺寸",右侧面板会显示可在当前项目中使用的管道尺寸列表。在 Revit MEP 中,管道尺寸可以通过"管段"进行设置,"粗糙度"用于管道的水力计算。

图 3-3 显示了热熔对接的 PE 63 塑料管,规范 GB/T 13663 中压力等级为 0.6MPa 的管道的公称直径、ID(管道内径)和 OD(管道外径)。

图 3-3

单击"新建尺寸"或"删除尺寸"按钮可以添加或删除管道的尺寸。新建管道的公称直径和现有列表中管道的公称直径不允许重复。如果在绘图区域已绘制了某尺寸的管道,则该尺寸在"机械设置"尺寸列表中将不能删除,需要先删除项目中的管道,才能删除"机械设置"尺寸列表中的尺寸。

2)尺寸应用

通过勾选"用于尺寸列表"和"用于调整大小"来调节管道尺寸在项目中的应用。如果勾选一段管道尺寸的"用于尺寸列表",该尺寸可以被管道布局编辑器和"修改|放置管道"中管道"直径"下拉列表调用,在绘制管道时可以直接在选项栏的"直径"下拉列表中选择尺

寸，如图 3-4 所示。如果勾选某一管道的"用于调整大小"，该尺寸可以应用于"调整风管/管道大小"功能。

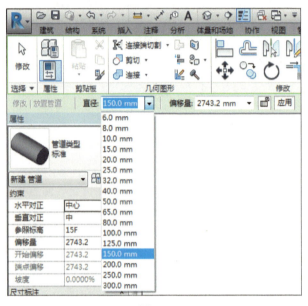

图 3-4

2．管道类型设置

这里主要是指管道和软管的族类型。管道和软管都属于系统族，无法自行创建，但可以创建、修改和删除族类型。

单击"系统"选项卡>"卫浴和管道">"管道"，通过绘图区域左侧的"属性"对话框选择和编辑管道的类型，如图 3-5 所示。Revit MEP 2017 提供的"机械样板"项目样板文件中默认配置了两种管道类型："PVC-U"和"标准"。

单击"编辑类型"按钮，打开管道"类型属性"对话框，对管道类型进行设置，如图 3-6 所示。在"属性"栏中，"机械"列表下定义的是和管道属性相关的参数，与"机械设置"对话框中"尺寸"中的参数相对应。其中，"连接类型"对应"连接"，"类别"对应"明细表|类型"。

通过在"管件"列表中配置各类型管件族，可以指定绘制管道时自动添加到管路中的管件。管件类型可以在绘制管道时自动添加到管道中的有弯头、T 形三通、接头、四通、过渡件、活接头和法兰。如果"管件"不能在列表中选取，则需要手动添加到管道系统中，如 Y 形三通、斜四通等。

同时，也可用相似方法来定义软管类型。

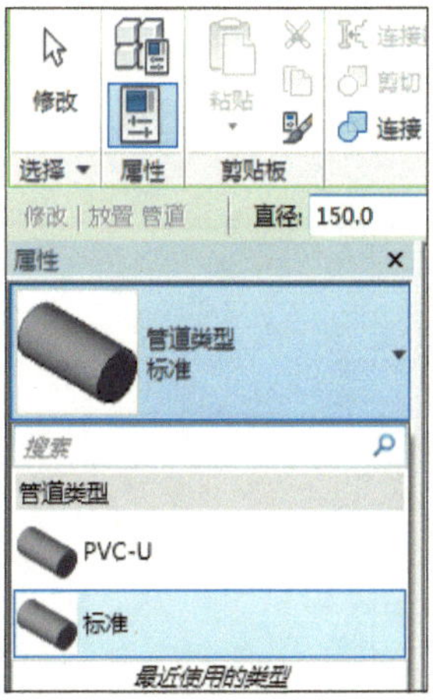

第 3 章 给水功能及案例讲解

图 3-5　　　　　　　　　　　图 3-6

单击"系统"选项卡>"卫浴和管道">"软管",在"属性"对话框中单击"编辑类型"按钮,打开软管"类型属性"对话框,如图 3-7 所示。和管道设置不同的是,软管的类型属性中可编辑其"粗糙度"。

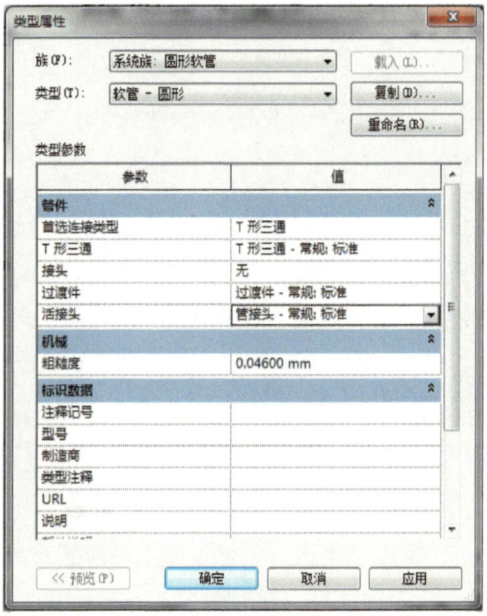

图 3-7

3. 流体设计参数

在 Revit MEP 中，除能定义管道的各种设计参数外，还能对管道中流体的设计参数进行设置，提供管道水力计算依据。在"机械设置"对话框中，选择"流体"，通过右侧面板可以对不同温度下的流体进行"黏度"和"密度"的设置，如图 3-8 所示。Revit MEP 输入的有"水"、"丙二醇"和"乙二醇"3 种流体。可通过"新建温度"和"删除温度"按钮对流体设计参数进行编辑。

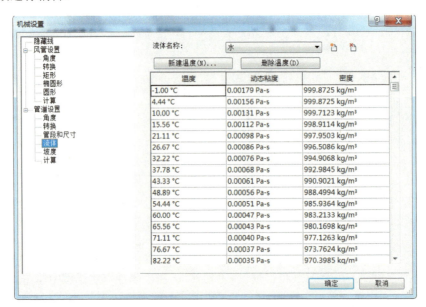

图 3-8

3.1.2 管道绘制

本节将介绍在 Revit MEP 中管道绘制的方法和要点。

1. 管道绘制的基本操作

在平面视图、立面视图、剖面视图和三维视图中均可绘制管道。

进入管道绘制模式的方式有如下几种：

- 单击"系统"选项卡>"卫浴和管道">"管道"，如图 3-9 所示。

图 3-9

- 选中绘图区已布置构件族的管道连接件，单击鼠标右键，在弹出的快捷菜单中选择"绘制管道"命令。
- 直接键入 PI（管道快捷键）。

进入管道绘制模式，"修改|放置管道"选项卡和"修改|放置管道"选项栏被同时激活。按照如下步骤手动绘制管道。

（1）选择管道类型。在"属性"对话框中选择需要绘制的管道类型，如图 3-10 所示。

（2）选择管道尺寸。在"修改|放置管道"选项栏的"直径"下拉列表中，选择在"机械设置"中设定的管道尺寸，也可以直接输入欲绘制的管道尺寸，如果在下拉列表中没有该尺寸，系统将从列表中自动选择和输入尺寸最接近的管道尺寸。

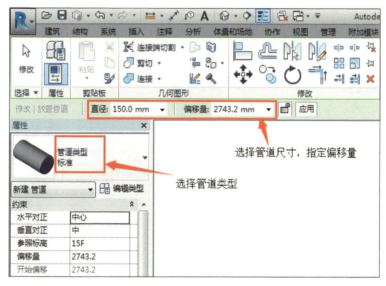

图 3-10

（3）指定管道偏移。默认"偏移量"是指管道中心线相对于当前平面标高的距离。重新定义管道"对正"方式后，"偏移量"指定的距离含义将发生变化。在"偏移量"下拉列表中可以选择项目中已经用到的管道偏移量，也可以直接输入自定义的偏移量数值，默认单位为毫米。

（4）指定管道起点和终点。将鼠标指针移至绘图区域，单击一点即可指定管道起点，移动至终点位置再次单击，这样即可完成一段管道的绘制。可以继续移动鼠标指针绘制下一管段，管道将根据管路布局自动添加在"类型属性"对话框中预设好的管件。绘制完成后，按 Esc 键，或者单击鼠标右键，在弹出的快捷菜单中选择"取消"命令，退出管道绘制。

2. 管道对齐

1）绘制管道

在平面视图和三维视图中绘制管道，可以通过"修改|放置管道"选项卡下"放置工具"中的"对正"按钮指定管道的对齐方式。打开"对正设置"对话框，如图 3-11 所示。

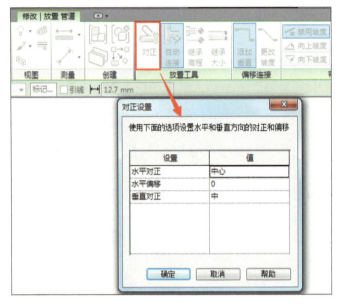

图 3-11

- 水平对正：用来指定当前视图下相邻两端管道之间的水平对齐方式。"水平对正"方式有"中心"、"左"和"右"3种形式。"水平对正"后的效果还与画管方向有关，如果自左向右绘制管道，选择不同"水平对正"方式的绘制效果如图 3-12 所示。

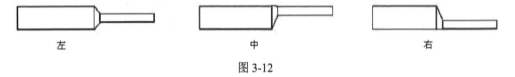

图 3-12

- 水平偏移：用于指定管道绘制起始点位置与实际管道绘制位置之间的偏移距离。该功能多用于指定管道和墙体等参考图元之间的水平偏移距离。比如，设置"水平偏移"值为 500mm 后，捕捉墙体中心线绘制宽度为 100mm 的管段，这样实际绘制位置是按照"水平偏移"值偏移墙体中心线的位置。同时，该距离还与"水平对齐"方式及画管方向有关，如果自左向右绘制管道，3 种不同的水平对正方式下管道中心线到墙中心线的距离标注如图 3-13 所示。

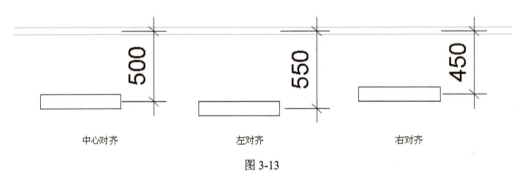

图 3-13

- 垂直对正：用来指定当前视图下相邻两段管道之间的垂直对齐方式。"垂直对正"方式有"中"、"底"、"顶"3种形式。"垂直对正"的设置会影响"偏移量"，如图3-14所示。当默认偏移量为100mm时，公称管径为100mm的管道，设置不同的"垂直对正"方式，绘制完成后的管道偏移量（管中心标高）会发生变化。

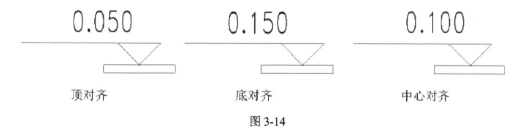

图3-14

2）编辑管道

管道绘制完成后，每个视图中都可以使用"对正"命令修改管道的对齐方式。选中需要修改的管段，单击功能区中的"对正"按钮，进入"对正编辑器"，根据需要选择相应的对齐方式和对齐方向，单击"完成"按钮，如图3-15所示。

图3-15

3．自动连接

在"修改|放置管道"选项卡中的"自动连接"按钮用于某一段管道开始或结束时自动捕捉相交管道，并添加管件完成连接，如图3-16所示。默认情况下，这一选项是激活的。

图3-16

当激活"自动连接"时,在两管段相交位置自动生成四通,如图 3-17 所示;如果不激活,则不生成管件,如图 3-18 所示。

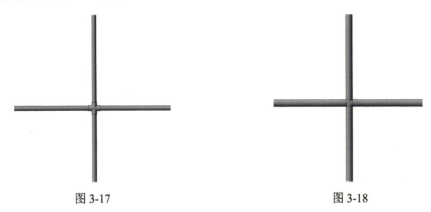

图 3-17　　　　　　　　　　　　　图 3-18

4. 坡度设置

在 Revit MEP 中,可以在绘制管道的同时指定坡度,也可以在管道绘制结束后再对管道坡度进行编辑。

1)直接绘制坡度

在"修改|放置管道"选项卡>"带坡度管道"面板上可以直接指定管道坡度,如图 3-19 所示。

通过单击 向上坡度 按钮修改向上坡度数值,或单击 向下坡度 按钮修改向下坡度数值。图 3-20 显示了当偏移量为 100mm、坡度为 0.80%、2 000mm 管道应用正、负坡度后画出的不同管道。

图 3-19　　　　　　　　　　　　　图 3-20

2)编辑管道坡度

这里介绍两种编辑管道坡度的方法:

- 选中某管段,单击并修改其起点和终点标高来获得管道坡度,如图 3-21 所示。当管段上的坡度符号出现时,也可以单击该符号修改坡度值。

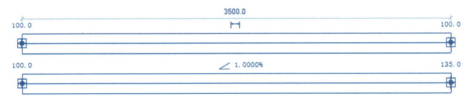

图 3-21

- 选中某管段，单击功能区中的"修改|管道"选项卡中的"坡度"，激活"坡度编辑器"选项卡，如图 3-22 所示。在"坡度编辑器"选项栏中输入相应的坡度值，单击 按钮可调整坡度方向。同样，如果输入负的坡度值，将反转当前选择的坡度方向。

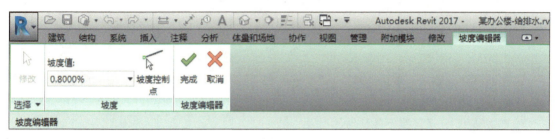

图 3-22

5. 管件的使用方法和注意事项

每个管路中都会包含大量连接管道的管件。下面介绍绘制管道时管件的使用方法和注意事项。

管件在每个视图中都可以放置使用，放置管件有两种方法。

- 自动添加管件：在绘制管道过程中自动加载的管件需在管道"类型属性"对话框中指定。部件类型是弯头、T 形三通、接管-垂直、接管-可调、四通、过渡件、活头或法兰的管件才能被自动加载。
- 手动添加管件：进入"修改|放置管件"模式的方式有如下几种。
  - ➤ 单击"系统"选项卡>"卫浴和管道">"管件"，如图 3-23 所示。
  - ➤ 在项目浏览器中，展开"族">"管件"，将"管件"下所需要的族直接拖曳到绘图区域中进行绘制。
  - ➤ 直接键入 PF（管件快捷键）。

图 3-23

6. 管路附件设置

在平面视图、立面视图、剖面视图和三维视图中均可放置管路附件。
进入"修改|放置管路附件"模式的方式有如下几种：
单击"系统"选项卡>"卫浴和管道">"管路附件"，如图 3-24 所示。

图 3-24

- 在项目浏览器中,展开"族">"管路附件",将"管路附件"下所需的族直接拖曳到绘图区域进行绘制。
- 直接键入 PA(管路附件快捷键)。

7. 软管绘制

在平面视图和三维视图中可绘制软管。

进入软管绘制模式的方式有如下几种:

- 单击"系统"选项卡>"卫浴和管道">"软管",如图 3-25 所示。

图 3-25

- 选中绘图区已布置构件族的管道连接架,单击鼠标右键,在弹出的快捷菜单中选择"绘制软管"命令。
- 直接键入 FP(软管快捷键)。

绘制软管的步骤如下。

(1)选择软管类型。在软管"属性"对话框中选择需要绘制的软管类型,如图 3-26 所示。

(2)选择软管管径。在"修改|放置软管"选项栏的"直径"下拉列表中选择软管尺寸,或者直接输入我们需要的软管尺寸,如果在下拉列表中没有该尺寸,系统将输入与该尺寸最接近的软管尺寸。

(3)指定软管偏移。默认"偏移量"是指软管中心线相对于当前平面标高的距离。在"偏移量"下拉列表中可以选择项目中已经用到的软管偏移量,也可以直接输入自定义的偏移量数值,默认单位为 mm。

第 3 章 给水功能及案例讲解

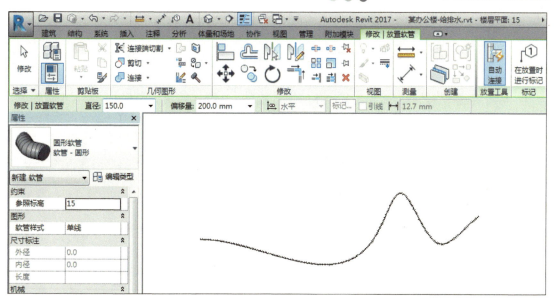

图 3-26

（4）指定软管起点和终点。在绘图区域中，单击指定软管的起点，沿着软管的路径在每个拐点单击，最后在软管终点按 Esc 键，或者单击鼠标右键，在弹出的快捷菜单中选择"取消"命令。如果软管的终点是连接到某一管道或某一设备的管道连接件，可以直接单击所要连接的连接件，以结束软管绘制。

8．修改软管

在软管上拖曳两端连接件、顶点和切点，可以调整软管路径，如图 3-27 所示。

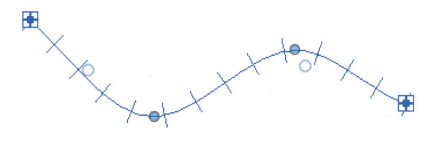

图 3-27

- ▣：连接件，允许重新定位软管的端点。通过连接件可以将软管与另一构件的管道连接件连接起来，也可以断开与该管道连接件的连接。
- ●：顶点，允许修改软管的拐点。在软管上单击鼠标右键，在弹出的快捷菜单中选择"插入顶点"或"删除顶点"命令可插入或删除顶点。使用顶点可在平面视图中以水平方向修改软管的形状，在剖面视图或中面视图中以垂直方向修改软管的形状。
- ○：切点，允许调整软管首个和末个拐点处的连接方向。

9. 设备接管

设备的管道连接件可以连接管道和软管。连接管道和软管的方法类似，本节将以浴盆管道连接件连接管道为例，介绍设备接管的 3 种方法。

- 单击浴盆，用鼠标右键单击其冷水管道连接件，在弹出的快捷菜单中选择"绘制管道"命令。在连接件上绘制管道时，按空格键，可自动根据连接件的尺寸和高程调整绘制管道的尺寸和高程，如图 3-28 所示。
- 直接拖动已绘制的管道到相应的浴盆管道连接件上，管道将自动捕捉浴盆上的管道连接件，完成连接，如图 3-29 所示。

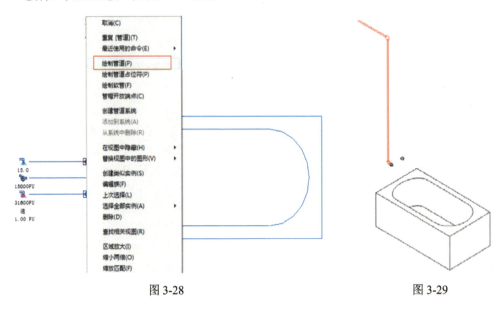

图 3-28　　　　　　　　　　　图 3-29

- 单击"布局"选项卡＞"连接到"，为浴盆连接管道，可以便捷地完成设备连管，如图 3-30 所示。

图 3-30

将浴盆放置到视图中指定的位置，并绘制欲连接的冷水管。选中浴盆，并单击"布局"选项卡＞"连接到"。选择冷水连接件，单击已绘制的管道。至此，完成连管。

10. 管道的隔热层

Revit MEP 可以为管道管路添加相应的隔热层。进入绘制管道模式后，单击"修改|管道"选项卡＞"管道隔热层"＞"添加隔热层"，输入隔热层的类型和所需要的厚度，将视觉样式

设置为"线框"时，则可清晰地看到隔热层，如图 3-31 所示。

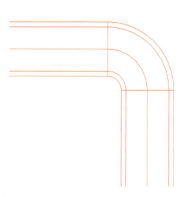

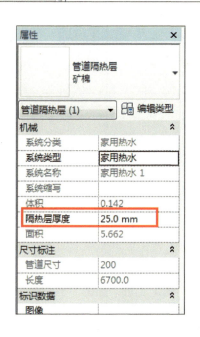

图 3-31

3.1.3 管道显示

在 Revit MEP 中，我们可以通过一些方式来控制管道的显示，以满足不同的设计和出图的需要。

1. 视图详细程度

Revit MEP 有 3 种视图详细程度：粗略、中等和精细，如图 3-32 所示。

图 3-32

在粗略和中等详细程度下,管道默认为单线显示,在精细视图下,管道默认为双线显示,如表 3-1 所示。在创建管件和管路附件等相关族的时候,应注意配合管道显示特性,尽量使管件和管路附件在粗略和中等详细程度下单线显示,精细视图下双线显示,确保管路看起来协调一致。

表 3-1

详细程度	粗 略	中 等	精 细
平面视图			
三维视图			

2. 可见性/图形替换

单击"视图"选项卡>"图形">"可见性/图形替换",或者通过 VG 或 VV 快捷键打开当前视图的"可见性/图形替换"对话框。

1)模型类别

在"模型类别"选项卡中可以设置管道可见性。既可以根据整个管道族类别来控制,也可以根据管道族的子类别来控制。可通过勾选来控制它的可见性。如图 3-33 所示,该设置表示管道族中的隔热层子类别不可见,其他子类别都可见。

"模型类别"选项卡中的"详细程度"选项还可以控制管道族在当前视图显示的详细程度。默认情况下为"按视图",遵守"粗略和中等管道单线显示,精细管道双线显示"的原则。也可以设置为"粗略"、"中等"或"精细",这时管道的显示将不依据当前视图详细程度的变化而变化,而始终依据所选择的详细程度。

2)过滤器

在 MEP 的视图中,如需要对于当前视图中的管道、管件和管路附件等依据某些原则进行隐藏或区别显示,可以通过"过滤器"功能来完成,如图 3-34 所示。这一方法在分系统显示管路上用得很多。

第3章 给水功能及案例讲解

图 3-33

图 3-34

单击"编辑/新建"按钮，打开"过滤器"对话框，如图 3-35 所示，"过滤器"的族类别可以选择一个或多个，同时可以勾选"隐藏未选中类别"复选框，"过滤条件"可以使用系统自带的参数，也可以使用创建项目参数或者共享参数。

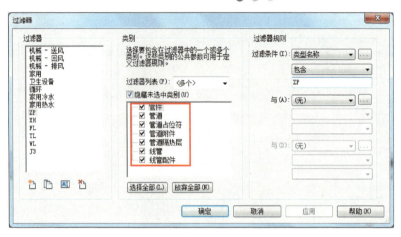

图 3-35

3. 管道图例

在平面视图中,可以根据管道的某一参数对管道进行着色,帮助用户分析系统。

1) 创建管道图例

单击"分析"选项卡>"颜色填充">"管道图例",如图 3-36 所示,将图例拖曳至绘图区域,单击确定放置绘制后,选择颜色方案,如"管道颜色填充-尺寸",Revit MEP 将根据不同管道尺寸给当前视图中的管道配色。

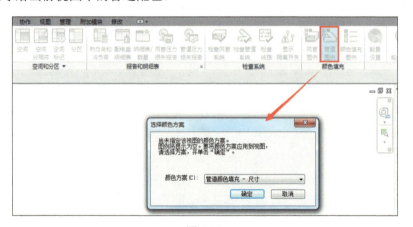

图 3-36

2) 编辑管道图例

选中已添加的管道图例,单击"修改|管道颜色填充图例"选项卡>"方案">"编辑方案",打开"编辑颜色方案"对话框,如图 3-37 所示。在"颜色"下拉列表中选择相应的参数,这些参数值都可以作为管道配色依据。

"编辑颜色方案"对话框右上角有"按值"、"按范围"和"编辑格式"选项,它们的意义分别如下。

- 按值:按照所选参数的数值来作为管道颜色方案条目。

- 按范围：对于所选参数设定一定的范围来作为颜色方案条目。
- 编辑格式：可以定义范围数值的单位。

图 3-38 所示为添加好的管道图例，可根据图例颜色判断管道系统设计是否符合要求。

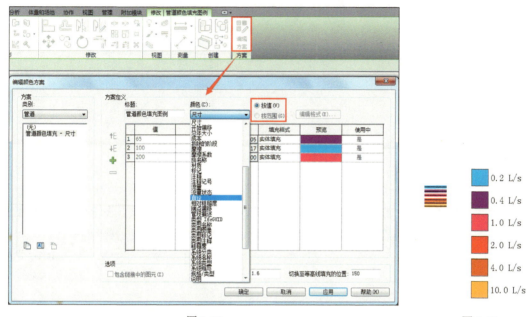

图 3-37　　　　　　　　　　　　　　　　图 3-38

4. 隐藏线

除上述控制管道的显示方法，这里介绍一下隐藏线的运用，打开"机械设置"对话框，如图 3-39 所示，左侧"隐藏线"是用于设置图元之间交叉、发生遮挡关系时的显示。

图 3-39

选择"隐藏线",右侧面板中各参数的意义如下。

- 绘制 MEP 隐藏线:指将按照"隐藏线"选项所指定的线样式和间隙来绘制管道。图 3-40(a)所示为不勾选的效果,图 3-40(b)所示为勾选的效果。

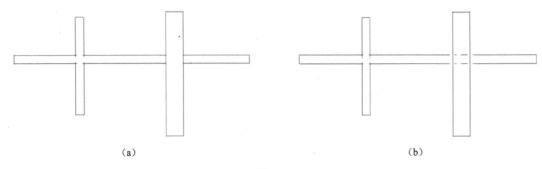

图 3-40

- 线样式:指在勾选"绘制 MEP 隐藏线"的情况下,遮挡线的样式。图 3-41(a)所示为"隐藏线"线样式的效果,图 3-41(b)所示为"MEP 隐藏"线样式的效果。

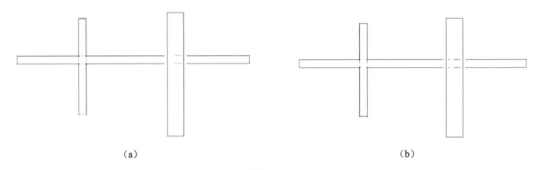

图 3-41

- 内部间隙、外部间隙、单线:这 3 个选项用来控制在非"细线"模式下隐藏线的间隙,允许输入数值的范围为 0.0~19.1。"内部间隙"指定在交叉段内部出现的线的间隙。"外部间隙"指定在交叉段外部出现的线的间隙。"内部间隙"和"外部间隙"控制双线管道/风管的显示。在管道/风管显示为单线的情况下,没有"内部间隙"这个概念,因此,"单线"用来设置单线模式下的外部间隙。内部间隙、外部间隙、单线如图 3-42 所示。

5. 注释比例

在管件、管路附件、风管管件、风管附件、电缆桥架配件和线管配件这几类族的类型属性中都有"使用注释比例"这个设置,这一设置用来控制上述几类族在平面视图中的单线显示,如图 3-43 所示。

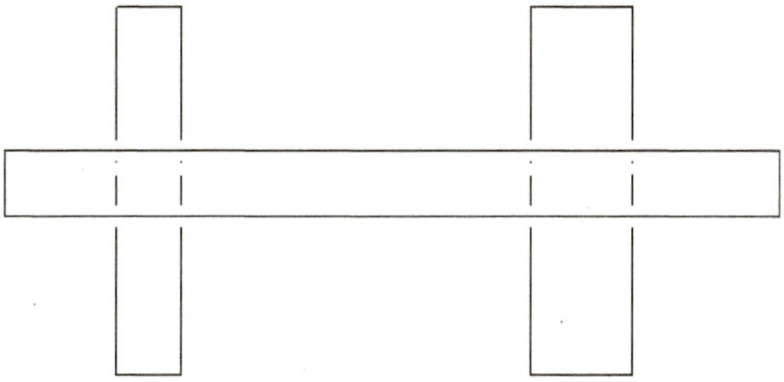

第3章 给水功能及案例讲解

内部间隙 0.5 外部间隙 0.5

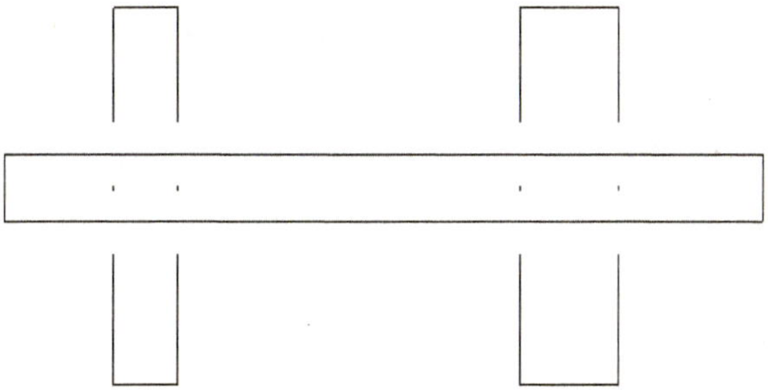

内部间隙 1.5 外部间隙 1.5

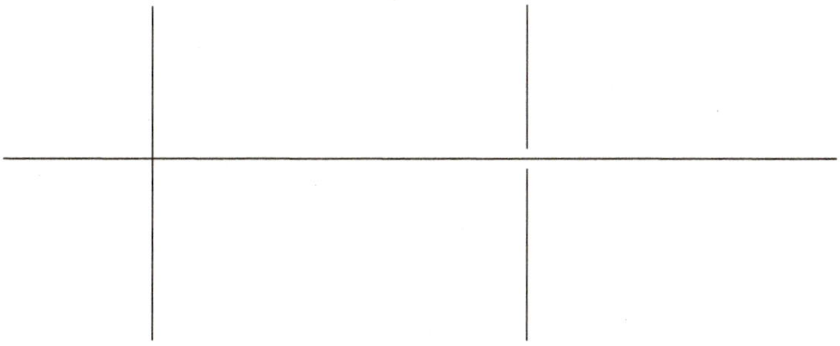

单线 0.5

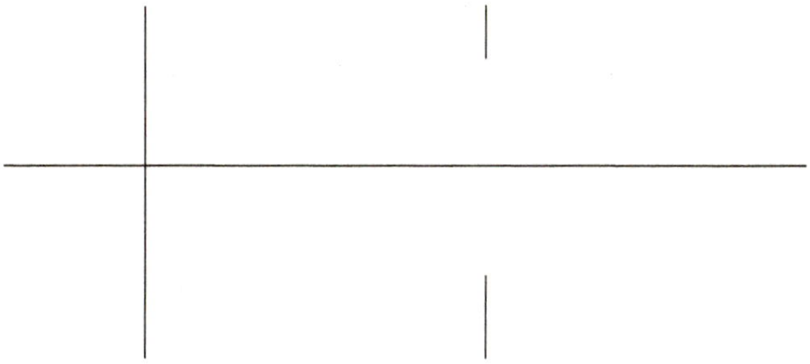

单线 5

图 3-42

图 3-43

除此之外,在"机械设置"对话框中也能对项目中的使用注释比例进行设置,如图 3-44 所示。默认状态为勾选。如果取消勾选,则后续绘制的相关族将不再使用注释比例,但之前已经出现的相关族不会被更改。

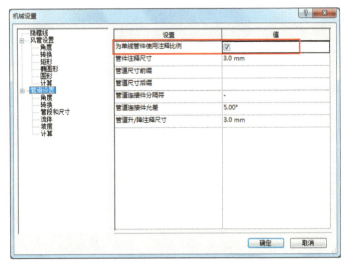

图 3-44

3.1.4 管道标注

管道的标注在设计过程中不可或缺。本节将介绍在 Revit MEP 中如何进行管道的各种标注,包括尺寸标注、编号标注、标高标注和坡度标注 4 类。

管道尺寸和管道编号是通过注释符号族来标注的,在平、立、剖视图中均可使用。而管道标高和坡度则是通过尺寸标注系统族来标注的,在平、立、剖和三维视图中均可使用。

1. 尺寸标注

1)基本操作

Revit MEP 中自带的管道注释符号族"M_管道尺寸标记"可以用来进行管道尺寸标注,下面介绍如下两种方式。

- 管道绘制的同时进行标注。进入绘制管道模式后，单击"修改|放置管道"选项卡>"标记">"在放置时进行标记"，如图3-45所示。绘制出的管道将会自动完成管径标注，如图3-46所示。

图3-45

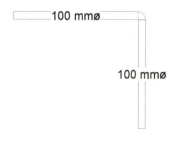
图3-46

- 管道绘制后再进行管径标注。单击"注释"选项卡>"标记"面板下拉列表>"载入的标记"，就能查看到当前项目文件中加载的所有的标记族。某个族类别下排在第一位的标记族为默认的标记族。当单击"按类别标记"按钮后，Revit MEP将默认使用"M_管道尺寸标记"，如图3-47所示。

图3-47

单击"注释"选项卡>"标记">"按类别标记"，将鼠标指针移至视图窗口的管道上，如图3-48所示。上下移动鼠标指针可以选择标注出现在管道上方还是下方，确定注释位置单击完成标注。

图3-48

2）标记修改

在Revit MEP中，为用户提供了如下功能方便修改标记，如图3-49所示。

- "水平"、"竖直"可以控制标记放置的方式。
- 可以通过勾选"引线"复选框，确认引线是否可见。

图 3-49

- 勾选"引线"复选框即引线，可选择引线为"附着端点"或"自由端点"。"附着端点"表示引线的一个端点固定在被标记图元上，"自由端点"表示引线两个端点都不固定，可进行调整。

3）尺寸注释符号族修改

因为在 Revit MEP 中自带的管道注释符号族"M_管道尺寸标记"和国内常用的管道标注有些许不同，我们可以按照如下步骤进行修改。

（1）在族编辑器中打开"M_管道尺寸标记.rfa"。

（2）选中已设置的标签"尺寸"，在"修改标签"选项卡中单击"编辑标签"。

（3）删除已选标签参数"尺寸"。

（4）添加新的标签参数"直径"，并在"前缀"列中输入"DN"，如图 3-50 所示。

标签参数						
	参数名称	空格	前缀	样例值	后缀	断开
1	直径	1	DN	直径		

图 3-50

（5）将修改后的族重新加载到项目环境中。

（6）单击"管理"选项卡 > "设置" > "项目单位"，选择"管道"规程下的"管道尺寸"，将"单位符号"设置为"无"。

（7）按照前面介绍的方法，进行管道尺寸标注，如图 3-51 所示。

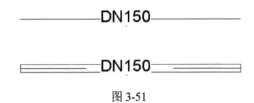

图 3-51

2. 标高标注

单击"注释"选项卡 > "尺寸标注" > "高程点"来标注管道标高，如图 3-52 所示。

打开高程点族的"类型属性"对话框，在"类型"下拉列表中可以选择相应的高程点符号族，如图 3-53 所示。

第 3 章　给水功能及案例讲解

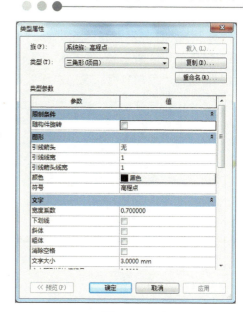

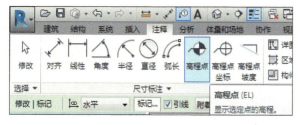

图 3-52　　　　　　　　　　　　　图 3-53

- 引线箭头：可根据需要选择各种引线端点样式。
- 符号：这里将出现所有高程点符号族，选择刚载入的新建族即可。
- 文字与符号的偏移量：为默认情况下文字和"符号"左端点之间的距离，正值表明文字在"符号"左端点的左侧；负值则表明文字在"符号"左端点的右侧。
- 文字位置：控制文字和引线的相对位置。
- 高程指示器/顶部指示器/底部指示器：允许添加一些文字、字母等，用来提示出现的标高是顶部标高还是底部标高。
- 作为前缀/后缀的高程指示器：确认添加的文集、字母等在标高中出现的形式是前缀还是后缀。

1）平面视图中的管道标高

平面视图中的管道标高注释需在精细下模式下进行（在单线模式下不能进行标高标注）。一根直径为 100mm、偏移量为 2 000mm 的管道在平面视图中的标高标注如图 3-54 所示。

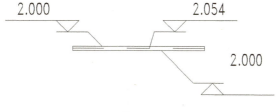

图 3-54

从图 3-54 中可看出，标注管道两侧标高时，显示的是管中心标高 2.000m。标注管道中线标高时，默认显示的是管顶外侧标高 2.054m。单击管道属性查看可知，管道外径为 108mm，于是管顶外侧标高为 2.000+0.108/2=2.054m。

有没有方法显示管底标高（管底外侧标高）呢？选中标高，调整"显示高程"即可。Revit MEP 中提供了 4 种选择："实际（选定）高程"、"顶部高程"、"底部高程"及"顶部和底部高程"。选择"顶部高程和底部高程"后，管顶和管底标高同时被显示出来，如图 3-55 所示。

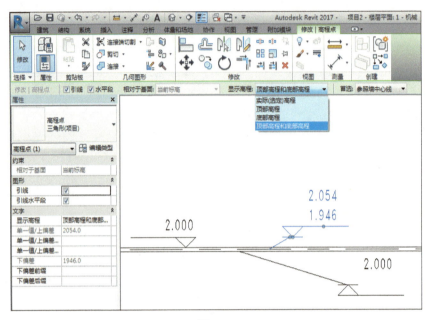

图 3-55

2）立面视图中的管道标高

和平面视图不同，立面视图中在管道单线即粗略、中等的视图情况下也可以进行标高标注，但此时仅能标注管道中心标高。而对于倾斜管道的管道标高，斜管上的标高值将随着鼠标指针在管道中心线上的移动而实时更新变化。如果在立面视图中标注管顶或者管底标高，则需要将鼠标指针移动到管道端部，捕捉端点，才能标注管顶或管底标高，如图 3-56 所示。

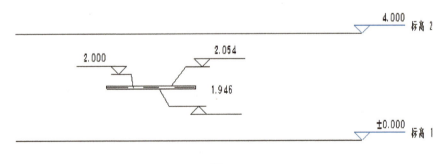

图 3-56

在立面视图中也能够对管道截面进行管道中心、管顶和管底标注，如图 3-57 所示。

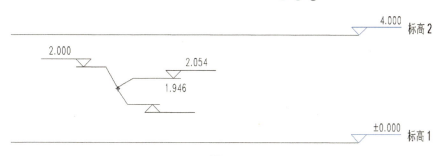

图 3-57

当对管道截面进行管道标注时,为了方便捕捉,建议关闭"可见性/图形替换"对话框中管道的两个子类别"升"、"降",如图 3-58 所示。

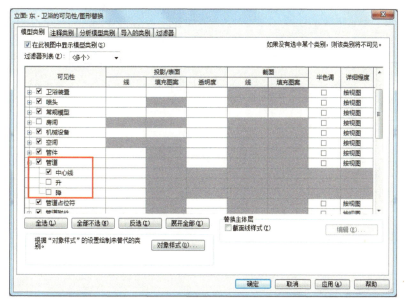

图 3-58

3) 剖面视图中的管道标高

剖面视图中的管道标高与立面视图中的管道标高原则一致,这里不再赘述。

4) 三维视图中的管道标高

在三维视图中,管道单线显示下,标注的为管道中心标高;双线显示下,标注的则为所捕捉的管道位置的实际标高。

3. 坡度标注

在 Revit MEP 中,单击"注释"选项卡>"尺寸标注">"高程点坡度"来标注管道坡度,如图 3-59 所示。

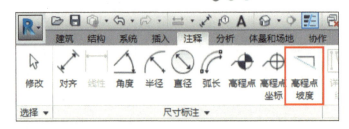

图 3-59

进入"系统族:高程点坡度"可以看到控制坡度标注的一系列参数。高程点坡度标注与之前介绍的高程标注非常类似,这里不一一赘述。需要修改的是"单位格式",设置成管道标注时习惯的百分比格式,如图 3-60 所示。

图 3-60

选中任一坡度标注,会出现"修改|高程点坡度"选项栏,如图 3-61 所示。

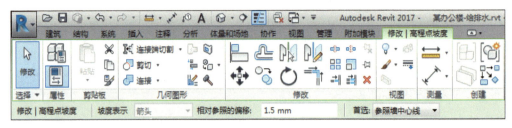

图 3-61

其中,"相对参照的偏移"表示坡度标注线和管道外侧的偏移距离。"坡度表示"选项仅在立面视图中可选,有"箭头"和"三角形"两种坡度表示方式,如图 3-62 所示。

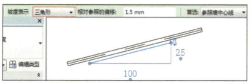 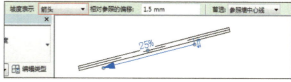

图 3-62

技术应用要点分析：如何解决弯头和放置阀门不会随着管件的直径变化而变化

在绘制水管时，如何解决弯头和放置阀门不会随着管件的直径变化而变化，可用查找表格功能来解决这一问题。

（1）Revit MEP 自身独特的查找表格功能可以满足管件族的这一特别要求，如图 3-63 所示。

图 3-63

（2）选中弯头，单击"属性"面板下的"编辑类型"按钮，弹出"类型属性"对话框，在"其他"选项中单击"查找表格名"，如图 3-64 所示。

图 3-64

【提示】默认安装的情况下，.csv 文件都放在 C:\ProgramData\Autodesk\RVT 2014\Lookup Tables 目录下，也可以通过 Revit.in 修改其存放路径。只有存放在路径下的 .csv 文件才能被调用。

（3）把文件 Lookup Tables 里面的表格放到其路径中，在画尺寸参数都随公称直径的变化而变化了，如图 3-65 所示。

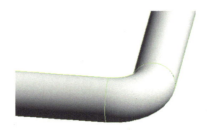

图 3-65

【注意】 1. 查找依据顺序和.cnv 文件需一致。
2. 查找值与.cnv 文件表头出现的必须完全一致。如 CtE，不能输成 CTE。

3.2 案例简介及管道系统创建

案例"某办公楼水系统"中，包含各类水系统，并与消防栓相连，最终形成完整的系统。

3.2.1 CAD 底图的导入

打开"水系统模型"文件，导入"11 号楼 2 单元十五层给排水平面图.dwg"，选择"自动对齐-原点对原点"，单位"毫米"，将位置与轴网位置对齐并锁定，如图 3-66 所示。

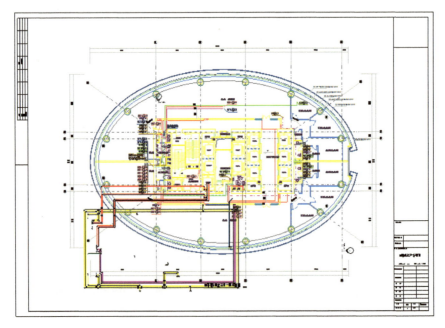

图 3-66

3.2.2 绘制水系统

1. 水管干管的绘制

在绘制水管之前应对水管系统分好类别,在"类型属性"对话框中通过复制创建两个新的水管类型 ZP2L(C)-A 和 ZP2L(C)-O,这样方便之后给管道添加颜色,如图 3-67 所示。

图 3-67

单击"系统"选项卡>"卫浴和管道">"管道",或键入快捷键 PI,在自动弹出的"修改| 放置管道"上下文选项卡中输入或选择需要的管径(本案例中所有管道管径均为 100),修改偏移量为该管道的标高(本案例中管道标高距梁底部为 200mm,故设置为 2 895),在绘图区域中绘制水管,首先选择系统末端的水管,在起始位置单击,拖曳光标到需要转折的位置并单击,再继续沿着底图线条拖曳光标,直到该管道结束的位置,单击,然后按 Esc 键退出绘制,选择另外的一条管道用相同的方法进行绘制。在管道转折的地方会自动生成弯头。

在绘制过程中,如需改变管道管径,在绘制模式下修改管径即可。

管道绘制完毕后,使用"对齐"命令(快捷键 AL)将管道中心线与底图相应位置对齐,如图 3-68 所示。

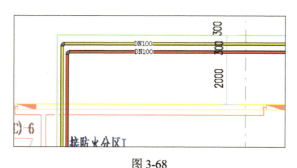

图 3-68

使用同样的方法在底图上绘制其他的管道干管。

2. 水管立管的绘制

如图 3-69 所示，管道的高度不一致，需要用立管将两段标高不同的管道连接起来。

单击"管道"工具，或键入快捷键 PI，输入管道的管径、标高值，绘制一段管道，然后输入变高程后的标高值。继续绘制管道，在变高程的地方会自动生成一段管道的立管，如图 3-70 所示。

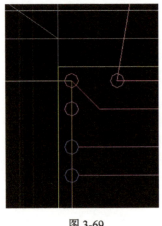 

图 3-69　　　　　　　　　　　图 3-70

3. 坡度水管的绘制

选择管道后，设置坡度值，即可绘制，如图 3-71 所示。

4. 管道三通、四通、弯头的绘制

1）管道弯头的绘制

在绘制一根管道后，改变方向绘制第二根管道，在改变方向的地方会自动生成弯头，如图 3-72 所示。

图 3-71　　　　　　　　　　　图 3-72

2）管道三通的绘制

单击"管道"工具，输入管径与标高值，绘制主管，再输入支管的管径与标高值，把鼠标指针移动到主管的合适位置的中心处，单击确认支管的起点，再次单击确认支管的终点，

在主管与支管的连接处会自动生成三通。先在支管终点单击,再拖曳光标至与之交叉的管道的中心线处,单击也可生成三通,如图3-73所示。

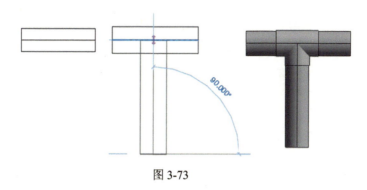

图3-73

当相交叉的两根水管的标高不同时,按照上述方法绘制三通会自动生成一段立管,如图3-74所示。

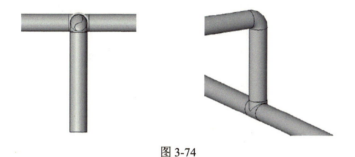

图3-74

3) 管道四通的绘制

方法一:绘制完三通后,选择三通,单击三通处的加号,三通会变成四通,然后,单击"管道"工具,将鼠标指针移动到四通连接处,出现捕捉的时候,单击确认起点,再次单击确认终点,即可完成管道绘制。同理,单击减号可以将四通转换为三通,如图3-75所示。

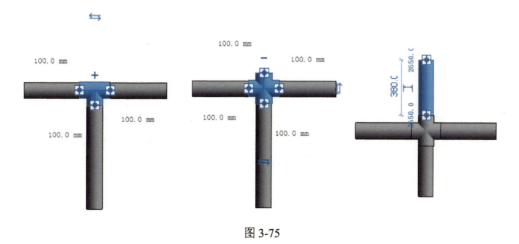

图3-75

弯头也可以通过上述相似的操作变成三通，如图 3-76 所示。

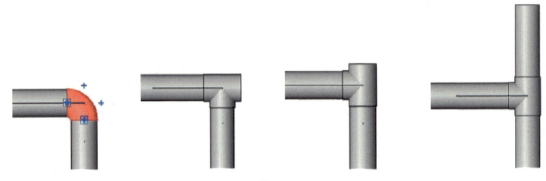

图 3-76

方法二：先绘制一根水管，再绘制与之相交叉的另一根水管，两根水管的标高一致，第二根水管横贯第一根水管，可以自动生成四通，如图 3-77 所示。

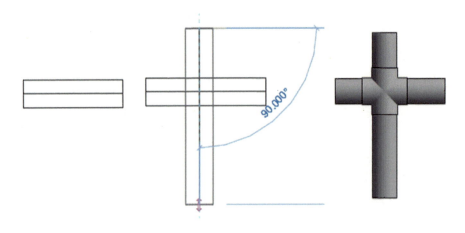

图 3-77

3.2.3　添加水系统阀门

1. 添加水平水管上的阀门

单击"系统"选项卡>"卫浴和管道">"管路附件"，或键入快捷键 PA，软件自动弹出"修改|放置管路附件"上下文选项卡（若系统没有，则需从附带光盘中载入阀门族）。

在"修改图元类型"下拉列表中选择所需要的阀门。把鼠标指针移动到风管中心线处，捕捉到中心线时（中心线高亮显示），单击即可完成阀门的添加，如图 3-78 所示。

第 3 章 给水功能及案例讲解

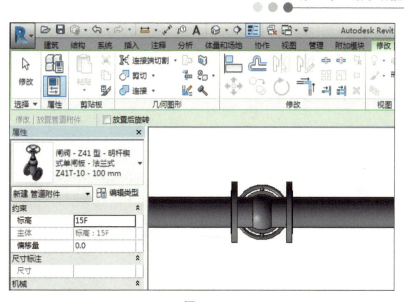

图 3-78

2. 添加立管阀门的方法

立管上的阀门在平面视图中不易添加，在三维视图中也不易捕捉其位置，尤其是当阀门管件较多时，添加阀门很困难。应用如下方法，可以方便地添加各种阀门管件。例如，当需要在立管上添加闸阀时，可以按照如下步骤进行设置。

（1）进入三维视图，单击"修改"选项卡>"修改">"拆分"，在绘图区域中立管的合适位置单击，该位置将出现一个活接头，这是因为在管道的"类型属性"对话框中有该项设置，如图 3-79 所示。

图 3-79

（2）选择活接头，发现在类型选择器中并没有需要的阀门种类，因为活接头的族类型为"管件"，阀门的族类型为"管路附件"，为了将活接头替换为阀门，需要将活接头的族类型

• 111 •

修改成阀门的族类型，即"管路附件"。选择活接头，单击"修改|管件"选项卡>"模式">"编辑族"，进入族编辑模式，如图 3-80 所示。

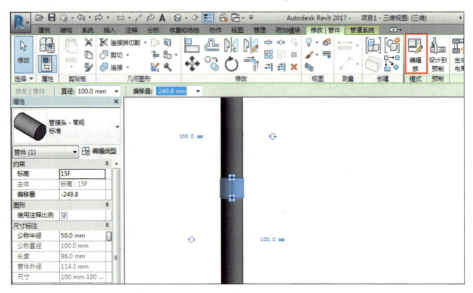

图 3-80

（3）单击"创建"选项卡>"属性">"族类别和族参数"，在打开的对话框中选择"管路附件"，设置零件类型为"标准"，单击"确定"按钮，并将该族载入项目中，替换原有族类型和参数，如图 3-81 所示。

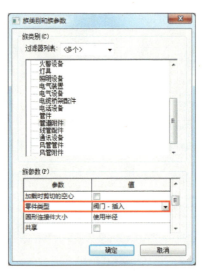

图 3-81

（4）选择活接头，在类型选择器中找到需要的阀门（若项目中没有，则需要自行载入系统族库中的闸阀），即可替换原来的活接头。其他阀门也可以按照这种方法添加。需要注意的是，必须保证活接头和阀门的族类别相同才可以进行替换，如图 3-82 所示。

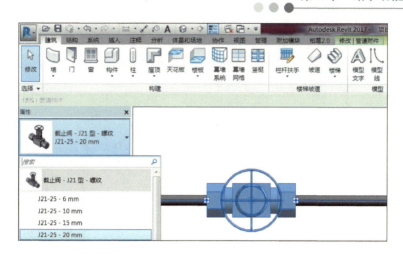

图 3-82

3.2.4 连接消防箱

消防箱的连接口都与水管接口相连，以案例中的消防箱为例，按照如下步骤完成消防箱和水管的连接。

（1）载入消防箱项目用族。单击"插入"选项卡>"从库中载入">"载入族"，选择光盘中的消防栓项目用族文件，单击"打开"按钮，将该族载入项目中。

（2）放置消防箱项目用族。单击"系统"选项卡>"机械">"机械设备"，在类型选择器中选择消防箱，将消防栓放置在视图中的合适位置单击，即可将消防栓添加到项目中，如图 3-83 所示。

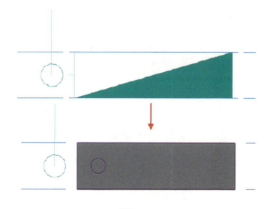

图 3-83

（3）绘制水管。选择消防栓，用鼠标右键单击水管接口，在弹出的快捷菜单中选择"绘制管道"命令，即可绘制管道。与消防栓相连的管道和主管道有一定的标高差异，可用竖直管道将其连接起来，如图 3-84 和图 3-85 所示。

图 3-84

图 3-85

【注意】 图中管道颜色的改变原理同风管系统颜色的改变，即通过过滤器进行设置。

（4）根据 CAD 图纸，将消防栓与干管相连，效果如图 3-86 和图 3-87 所示。

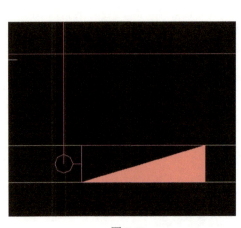

图 3-86

图 3-87

技术应用要点分析：利用"修剪"命令连接管道上下层错位立管

（1）如图 3-88 所示的一个压力雨水管，第三层和第四层出现了两根立管，发生了错位，无法通过"修剪"命令连接上。

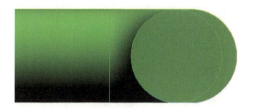

图 3-88

（2）可先选中立管转到上立面图，通过"移动"命令移动，如图 3-89 所示。

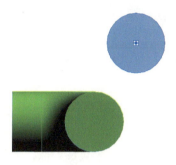

图 3-89

（3）拾取另一根管道中心点，与之对齐，如图 3-90 所示。

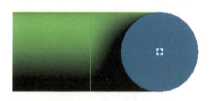

图 3-90

（4）再通过"修剪"命令把两根立管连接起来就可以了，如图 3-91 所示。

图 3-91

（5）连接完成后的效果如图 3-92 所示。

图 3-92

3.3　按照 CAD 底图完成各系统绘制

按上述绘制方法及原则绘制"某办公楼水系统"图，如图 3-93～图 3-95 所示，分别为 CAD 底图、平面图与三维视图。

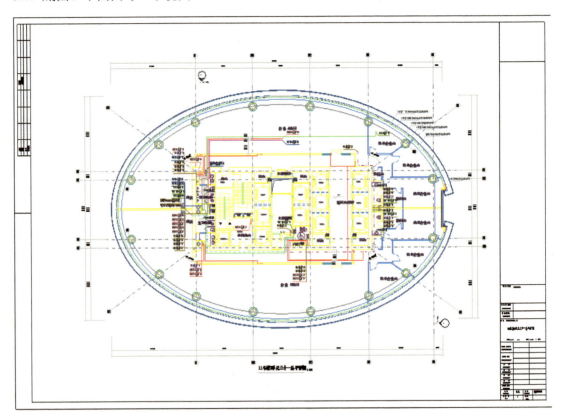

图 3-93

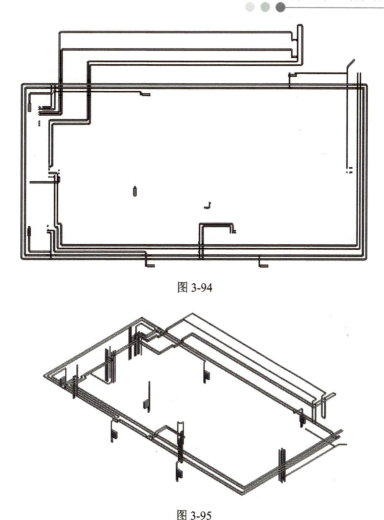

图 3-94

图 3-95

技术应用要点分析：如何给管道系统添加颜色

为了在机电管线综合时直观地辨别不同系统的管线，通常需要赋予管线不同的表面颜色，在 Revit 中，用两种方法来实现。

方法一：

（1）在视图属性对话框中单击"可见性/图形替换"右边的"编辑"按钮。

（2）出现当前视图的"可见性/图形替换"对话框，切换到"过滤器"选项卡，单击"编辑/新建"按钮，如图 3-96 所示。

（3）打开"过滤器"对话框，创建管线过滤器，如以"消火栓"为例，单击图 3-97 所示的"新建过滤器"按钮，输入"消火栓"，然后设置消火栓"类别"和"过滤器规则"，如图 3-98 所示。

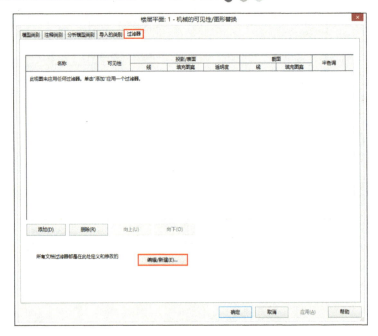

图 3-96

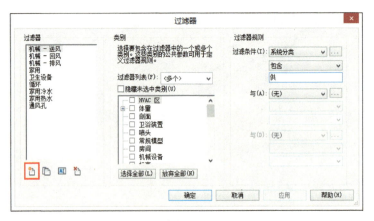

图 3-97

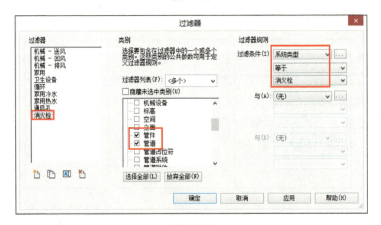

图 3-98

（4）单击"确定"按钮，返回到"可见性/图形替换"对话框，单击"添加"按钮，添加"消火栓"过滤器，如图 3-99 所示。

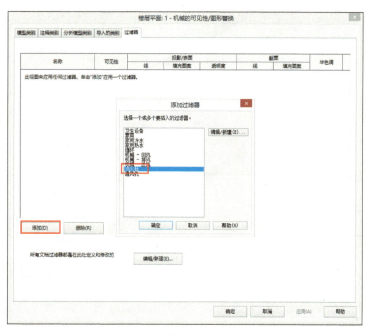

图 3-99

（5）单击"消火栓"过滤器的"填充图案"下的"替换"按钮，选择"颜色"和"填充图案"，如图 3-100 所示，完成"消火栓"过滤器的设置。

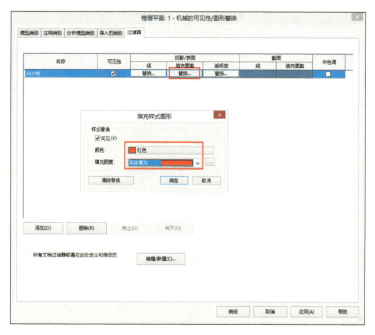

图 3-100

（6）绘制一段管道，管道自动变成我们设置的红色了，如图 3-101 所示。

图 3-101

方法二：

（1）选中要换系统颜色的管和管道系统，选择"管道系统"选项卡，单击"编辑系统"图标，如图 3-102 所示。

图 3-102

（2）把系统名称改成管道类型名称"循环供水"，如图 3-103 所示。

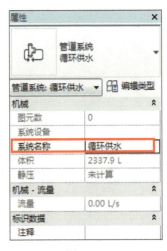

图 3-103

(3)在"属性"面板下,单击"编辑类型"按钮,将"材质"设置为想要的颜色,如图 3-104 所示。这时我们所画的管道系统颜色就可以改变了。

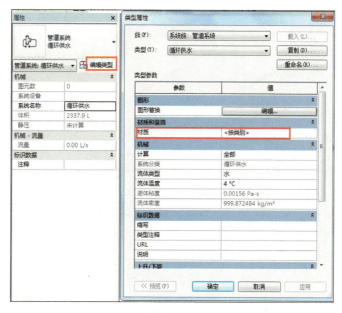

图 3-104

方法三:

(1)首先画两组管道"循环供水"和"循环回水",在项目浏览器中找到管道系统"循环供水"并右击,在弹出的快捷菜单中选择"属性"命令,在弹出的对话框中修改"材质",如图 3-105 所示。

图 3-105

（2）"循环供水"设置为红色后的效果如图 3-106 所示。

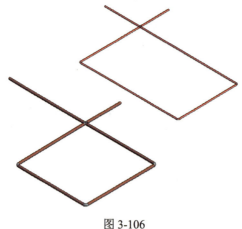

图 3-106

3.4 技术应用技巧

3.4.1 立管如何连接

（1）在项目中横管与立管的连接，如图 3-107 所示。

图 3-107

（2）在平面上绘制一个参照平面，使得立管中心、主横管与参照平面对齐，如图 3-108 所示。

（3）绘制一段横干管，转到三维视图，如图 3-109 所示。

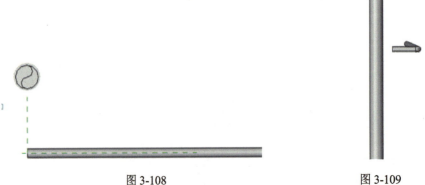

图 3-108   图 3-109

(4)选择"修改"选项卡"修改"面板下的"修剪延伸"命令,如图 3-110 所示,横干管与立管连接,如图 3-111 所示。

图 3-110

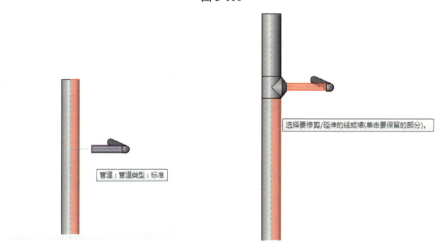

图 3-111

3.4.2 S 形存水弯如何在项目中保持很好的连接

(1)首先绘制一堵墙,再绘制一个基于面的卫浴装置洗脸盆,如图 3-112 所示。

(2)接下来在洗脸盆下绘制一小段管道,如图 3-113 所示。

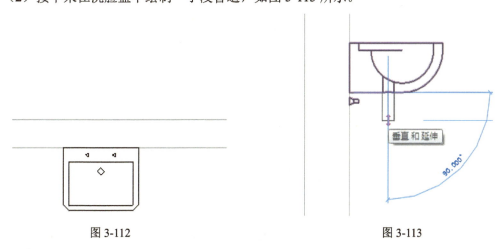

图 3-112　　　　　　　　　　图 3-113

(3)接下来把已导入的存水弯按图 3-114 所示方法使弯头口和洗脸盆口重合放置。

图 3-114

(4)回到平面图中,如图 3-115 所示,旋转存水弯两次,使存水弯到我们想要的墙边下。

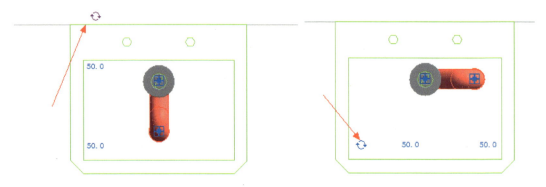

图 3-115

(5)继续绘制存水弯下面的管即可,最终效果如图 3-116 所示。

图 3-116

3.4.3 管道弯头出图时如何绘制

（1）在绘制管道弯头时，弯头半径是以固定值来显示的，但有的出图要求以实际的弯头半径来显示。

如图 3-117 所示为我们平时绘制出来的弯头粗略显示。

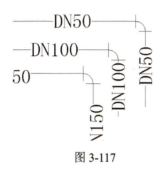

图 3-117

（2）绘制过程如图 3-118 所示。

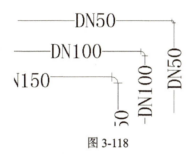

图 3-118

（3）解决方法是选中所绘的弯头，在图元属性中将"使用注释比例"取消勾选，如图 3-119 所示，即可完成上述效果。

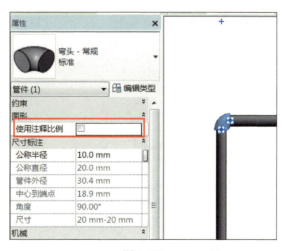

图 3-119

第 4 章　电气系统的绘制

4.1　电缆桥架功能与线管功能

电缆桥架和线管的敷设是电气布线的重要部分。Revit MEP 2017 具有电缆桥架和线管功能，进一步强化了管路系统三维建模，完善了电气设计功能，并且有利于全面进行 MEP 各专业和建筑、结构设计间的碰撞检查。本节将具体介绍 Revit MEP 2017 所提供的电缆桥架和线管功能。

另外，电缆桥架与线管和其他两种管路风管及管道在功能框架上有一致性和延续性，所以，熟悉 Revit MEP 风管和管道功能的用户能很快掌握电缆桥架和线管的功能。当然，电缆桥架和线管针对各自建模特点，也具有一些特有的功能。

4.1.1　电缆桥架

利用 Revit MEP 2017 的电缆桥架功能可以绘制生动的电缆桥架模型，如图 4-1 所示。

图 4-1

1. 电缆桥架

Revit MEP 2017 提供了两种不同的电缆桥架形式："带配件的电缆桥架"和"无配件的电缆桥架"。"无配件的电缆桥架"适用于设计中不明显区分配件的情况。"带配件的电缆桥架"和"无配件的电缆桥架"是作为两种不同的系统族来实现的，并在这两个系统族下面添加不同的类型。Revit MEP 2017 提供的"机械样板"项目样板文件中分别给"带配件的电缆桥架"

和"无配件的电缆桥架"配置了默认类型,如图4-2所示。

"带配件的电缆桥架"的默认类型有实体底部电缆桥架、梯级式电缆桥架和槽式电缆桥架。"无配件的电缆桥架"的默认类型有单轨电缆桥架和金属丝网电缆桥架。其中,"梯级式电缆桥架"的形状为"梯形",其他类型的截面形状为"槽形"。和风管、管道一样,项目之前要设置好电缆桥架类型。可以用如下方法查看并编辑电缆桥架类型。

单击"系统"选项卡>"电气">"电缆桥架",在"属性"对话框中单击"编辑类型性"按钮,如图4-3所示。

图 4-2

图 4-3

单击"系统"选项卡>"电气">"电缆桥架",在"修改|放置电缆桥架"上下文选项卡的"属性"面板中单击"类型属性",如图4-4所示。

图 4-4

在项目浏览器中,展开"族">"电缆桥架",双击要编辑的类型即可打开"类型属性"对话框,如图4-5所示。

在电缆桥架的"类型属性"对话框中,"管件"列表下需要定义管件配置参数。通过这些参数指定电缆桥架配件族,可以配置在管路绘制过程中自动生成的管件(或称配件)。软件自带的项目样板"机械样板"中预先配置了电缆桥架类型,并分别指定了各种类型下"管件"默认使用的电缆桥架配件族。这样在绘制桥架时,所指定的桥架配件就可以自动放置到绘图区与桥架相连接。

图 4-5

2. 电缆桥架配件族

Revit MEP 2017 自带的族库中，提供了专为中国用户创建的电缆桥架配件族。下面以水平弯通为例，对比族库中提供的几种配件族。如图 4-6 所示，配件族有"托盘式电缆桥架水平弯通.rfa"、"梯级式电缆桥架水平弯通.rfa"和"槽式电缆桥架水平弯通.rfa"。

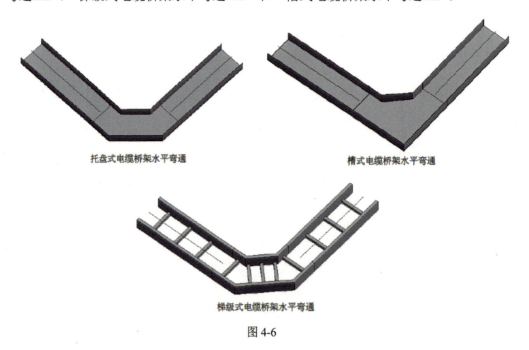

图 4-6

3. 电缆桥架的设置

在布置电缆桥架前，先按照设计要求对桥架进行设置。

在"电气设备"对话框中定义"电缆桥架设置"。单击"管理"选项卡>"设置">"MEP 设置"下拉列表>"电气设置"（也可单击"系统"选项卡>"电气">"电气设置"），在"电气设置"对话框左侧展开"电缆桥架设置"，如图 4-7 所示。

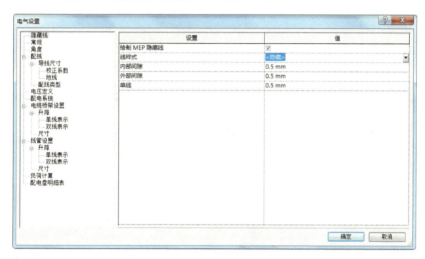

图 4-7

1）定义设置参数

- 为单线管件使用注释比例：用来控制电缆桥架配件在平面视图中的单线显示。如果勾选该选项，将以"电缆桥架配件注释尺寸"的参数绘制桥架和桥架附件。

【注意】修改该设置时只影响后面绘制的构件，并不会改变修改前已在项目中放置的构件的打印尺寸。

- 电缆桥架配件注释尺寸：指定在单线视图中绘制的电缆桥架配件出图尺寸。该尺寸不以图纸比例变化而变化。
- 电缆桥架尺寸分隔符：该参数指定用于显示电缆桥架尺寸的符号。例如，如果使用"×"，则宽度为 300mm、深度为 100mm 的风管将显示为"300mm×100mm"。
- 电缆桥架尺寸后缀：指定附加到根据"属性"参数显示的电缆桥架尺寸后面的符号。
- 电缆桥架连接件分隔符：指定在使用两个不同尺寸的连接件时用来分隔信息的符号。

2）设置"升降"和"尺寸"

展开"电缆桥架设置"，设置"升降"和"尺寸"。

① 升降

"升降"选项用来控制电缆桥架标高变化时的显示。

选择"升降"，在右侧面板中可指定电缆桥架升/降注释尺寸的值，如图 4-8 所示。该参数用于指定在单线视图中绘制的升/降注释的出图尺寸。该注释尺寸不以图纸比例变化而变化，默认设置为 3mm。

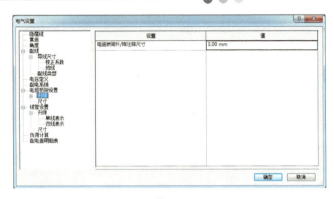

图 4-8

在左侧面板中,展开"升降",选择"单线表示",可以在右侧面板中定义在单线图纸中显示的升符号、降符号,单击相应"值"列并单击按钮,在弹出的"选择符号"对话框中选择相应符号如图 4-9(a)所示。使用同样的方法设置"双线表示",定义在双线图纸中显示的升符号、降符号,如图 4-9(b)所示。

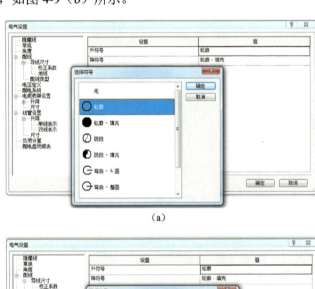

(a)

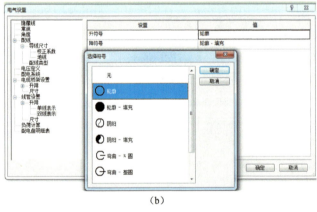

(b)

图 4-9

② 尺寸

选择"尺寸",右侧面板会显示可在项目中使用的电缆桥架尺寸表,在表中可以编辑当前项目文件中的电缆桥架尺寸，如图 4-10 所示。在尺寸表中，在某个特定尺寸右侧勾选"用于尺寸列表"，表示在整个 Revit MEP 的电缆桥架尺寸列表中显示所选尺寸，如果不勾选，该尺寸将不会出现在下拉列表中，如图 4-11 所示。

图 4-10

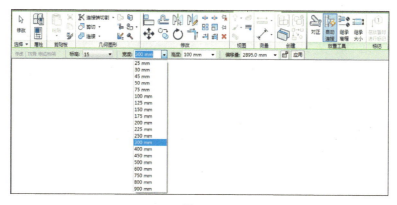

图 4-11

此外，"电气设置"还有一个公用选项"隐藏线"，如图 4-12 所示，用于设置图元之间交叉、发生遮挡关系时的显示。它与"机械设置"的"隐藏线"是同一设置。

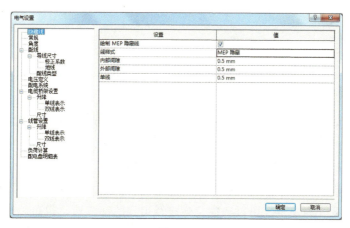

图 4-12

4. 绘制电缆桥架

在平、立、剖视图和三维视图中均可绘制水平、垂直和倾斜的电缆桥架。

1) 基本操作

进入电缆桥架绘制模式的方式有如下几种：

- 单击"系统"选项卡>"电气">"电缆桥架"，如图 4-13 所示。

图 4-13

- 选中绘图区已布置构件族的电缆桥架连接件右击，在弹出的快捷菜单中选择"绘制电缆桥架"命令。
- 直接键入快捷键 CT。

按照如下步骤绘制电缆桥架：

（1）选中电缆桥架类型。在电缆桥架"属性"对话框中选中需要绘制的电缆桥架类型，如图 4-14 所示。

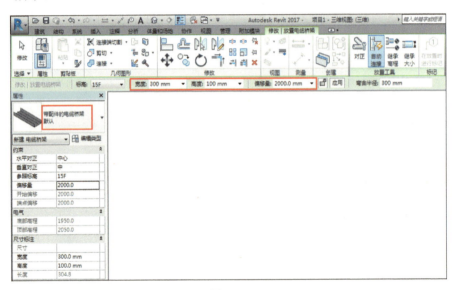

图 4-14

（2）选中电缆桥架尺寸。在"修改|放置电缆桥架"选项栏的"宽度"下拉列表中选择电缆桥架尺寸，也可以直接输入欲绘制的尺寸。如果在下拉列表中没有该尺寸，系统将自动选中和输入尺寸最接近的尺寸。使用同样的方法设置"高度"。

（3）指定电缆桥架偏移。默认"偏移量"是指电缆桥架中心线相对于当前平面标高的距离。在"偏移量"下拉列表中，可以选项目中已经用到的偏移量，也可以直接输入自定义的偏移量数值，默认单位为毫米。

第 4 章 电气系统的绘制

（4）指定电缆桥架起点和终点。在绘图区域中单击即可指定电缆桥架起点，移动至终点位置再次单击，完成一段电缆桥架的绘制。可继续移动鼠标绘制下一段。在绘制过程中，根据绘制路线，在"类型属性"对话框中预设好的电缆桥架管件将自动添加到电缆桥架中。绘制完成后，按 Esc 键，或者右击鼠标，在弹出的快捷菜单中选择"取消"命令退出电缆桥架绘制。垂直电缆桥架可在立面视图或剖面视图中直接绘制，也可以在平面视图中绘制，在选项栏中改变将要绘制的下一段水平桥架的"偏移量"，就能自动连接出一段垂直桥架。

2）电缆桥架对正

在平面视图和三维视图中绘制管道时，可以通过"修改|放置电缆桥架"选项卡中放置工具对话框的"对正"按钮指定电缆桥架的对齐方式。单击"对正"按钮，弹出"对正设置"对话框，如图 4-15 所示。

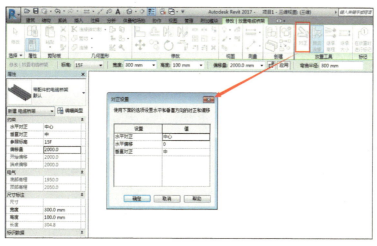

图 4-15

- 水平对正：用来指定当前视图下相邻两段管道之间的水平对齐方式。"水平对正"方式有"中心"、"左"和"右"。

"水平对正"后的效果还与绘制方向有关，如果自左向右绘制，选择不同"水平对正"方式的绘制效果如图 4-16 所示。

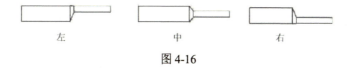

图 4-16

- 水平偏移：用于指定绘制起始点位置与实际绘制位置之间的偏移距离。该功能多用于指定电缆桥架和前面提及的其他参考图元之间的水平偏移距离。比如，设置"水平偏移"值为 500mm 后，捕捉墙体中心线绘制宽度为 100mm 的直段，这样实际绘制位置是按照"水平偏移"值偏移墙体中心线的位置。同时，该距离还与"水平对齐"方式及绘制方向有关，如果自左向右绘制电缆桥架，3 种不同的水平对正方式下电缆桥架中心线到墙中心线的距离标注如图 4-17 所示。

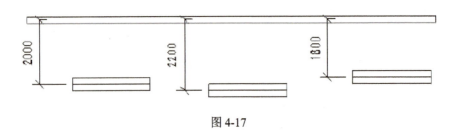

图 4-17

- 垂直对正：用来指定当前视图下相邻段之间的垂直对齐方式。"垂直对正"方式有"中"、"底"和"顶"。"垂直对正"的设置会影响"偏移量"，如图 4-18 所示，当默认偏移量为 100mm 时，宽度为 100mm 的桥架，设置不同的"垂直对正"方式，绘制完成后的桥架偏移量（中心标高）会发生变化。

图 4-18

另外，电缆桥架绘制完成后，可以使用"对正"命令修改对齐方式。选中需要修改的电缆桥架，单击功能区中的"对正"按钮，进入"对正编辑器"，选中需要的对齐方式和对齐方向，单击"完成"按钮，如图 4-19 所示。

图 4-19

3）自动连接

在"修改|放置电缆桥架"选项卡中有"自动连接"选项，如图 4-20 所示。在默认情况下，该选项是激活的。

图 4-20

激活与否将决定绘制电缆桥架时是否自动连接到相交电缆桥架上，并生成电缆桥架配件。当激活"自动连接"时，在两直段相交位置自动生成四通；如果不激活，则不生成电缆桥架配件（此方法同样适用于管道和风管），两种方式如图 4-21 所示。

图 4-21

4）放置和编辑电缆桥架配件

电缆桥架连接中要使用电缆桥架配件。下面将介绍绘制电缆桥架时配件族的使用。

① 放置配件

在平、立、剖视图和三维视图中都可以放置电缆桥架配件。放置电缆桥架配件有两种方法：自动添加和手动添加。

- 自动添加：在绘制电缆桥架过程中自动加载的配件需在"电缆桥架类型"中的"管件"参数中指定。
- 手动添加：是在"修改|放置电缆桥架配件"模式下进行的。进入"修改|放置电缆桥架配件"有如下方式：
  ➢ 单击"系统"选项卡>"电气">"电缆桥架配件"，如图 4-22 所示。

图 4-22

  ➢ 在项目浏览器中展开"族">"电缆桥架配件"，将"电缆桥架配件"下的族直接拖到绘图区域。
  ➢ 直接键入快捷键 TF。

② 编辑电缆桥架配件

在绘图区域中单击某一淡蓝桥架配件后，周围会显示一组控制柄，可用于修改尺寸、调整方向和进行升级或降级，如图 4-23 所示。

- 在配件的所有连接件都没有连接时，可单击尺寸标注改变宽度和高度，如图 4-23（a）所示。
- 单击 ⇆ 符号可以实现配件水平或垂直翻转 180°。

- 单击 ⟳ 符号可以旋转配件。注意：当配件连接了电缆桥架后，该符号不再出现，如图 4-23（b）所示。
- 如果配件的旁边出现加号，表示可以升级该配件，如图 4-23（c）所示。例如，带有未使用连接件的四通可以降级为 T 形三通；带有未使用连接件的 T 形三通可以降级为弯头。如果配件上有多个未使用的连接件，则不会显示加、减号。

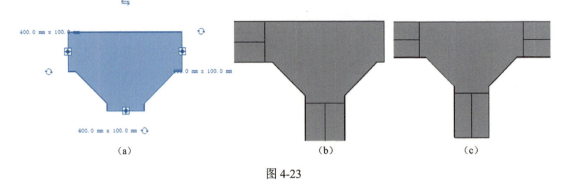

图 4-23

5）带配件和无配件的电缆桥架

绘制"带配件的电缆桥架"和"无配件的电缆桥架"在功能上是不同的。

图 4-24 所示分别为用"带配件的电缆桥架"和用"无配件的电缆桥架"绘制出的电缆桥架，可以明显看出这两者的区别。

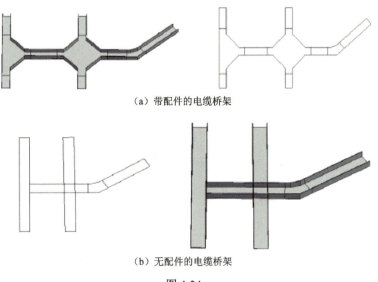

图 4-24

- 绘制"带配件的电缆桥架"时，桥架直段和配件间有分隔线，分为各自的几段。
- 绘制"无配件的电缆桥架"时，转弯处和直段之间并没有分隔，桥架交叉时，桥架自动被打断，桥架分支时也是直接相连而不插入任何配件。

5．电缆桥架显示

在视图中，电缆桥架模型根据不同的"详细程度"显示，可通过"视图控制栏"的"详细程度"按钮，切换"粗略"、"中等"、"精细" 3 种粗细程度。

- 精细：默认显示电缆桥架实际模型。
- 中等：默认显示电缆桥架最外面的方形轮廓（2D 时为双线，3D 时为长方体）。
- 粗略：默认显示电缆桥架的单线。

以梯形电缆桥架为例，"精细"、"中等"、"粗略"视图显示的对比如表 4-1 所示。

表 4-1

	2D	3D
精细		
中等		
粗略		

在创建电缆桥架配件相关族时，应注意配合电缆桥架显示特性，确保整个电缆桥架管路显示协调一致。

4.1.2 线管

1．线管的类型

和电缆桥架一样，Revit MEP 2017 的线管也提供了两种线管管路形式：无配件的线管和带配件的线管，如图 4-25 所示。Revit MEP 2017 提供的"机械样板"项目样板文件中为这两种系统族分别默认配置了两种线管类型："刚性非金属线管（RNC Sch 40）"和"刚性非金属线管（RNC Sch 80）"。同时，用户可以自行添加定义线管类型。

添加或编辑线管的类型，可以单击"系统"选项卡>"线管"，在右侧出现的"属性"对话框中单击"编辑类型"按钮，弹出"类型属性"对话框，如图 4-26 所示，对"管件"中需要的各种配件的族进行载入。

- 标准：通过选择标准决定线管所采用的尺寸列表，与"电气设置">"线管设置">"尺寸"中的"标准"参数相对应。
- 管件：管件配置参数用于指定与线管类型配套的管件。通过这些参数可以配置在线管绘制过程中自动生成的线管配件。

AUTODESK® REVIT® MEP 2017 管线综合设计应用

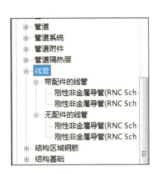

图 4-25   图 4-26

2. 线管设置

根据项目对线管进行设置。

在"电气设置"对话框中定义"电缆桥架设置"。单击"管理"选项卡>"MEP 设置"下拉列表>"电气设置",在"电气设置"对话框的左侧面板中展开"线管设置",如图 4-27 所示。

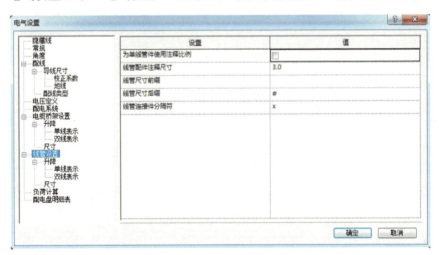

图 4-27

线管的基本设置和电缆桥架类似,这里不再赘述。但线管的尺寸设置略有不同,下面将着重介绍。

选择"线管设置">"尺寸",如图 4-28 所示,在右侧面板中即可设置线管尺寸。在右侧面板的"标准"下拉列表中,可以选择要编辑的标准;单击"新建"、"删除"按钮可创建或删除当前尺寸列表。

• 138 •

第 4 章 电气系统的绘制

图 4-28

目前 Revit MEP 2017 软件自带的项目样板"机械样板"中线管尺寸默认创建了 5 种标准：RNC Schedule 40、RNC Schedule 80、EMT、RMC 和 IMC。其中，非金属刚性线管（Rigid Nonmetallic Conduit，RNC）包括"规格 40"和"规格 80"PVC 两种尺寸，如图 4-29 所示。

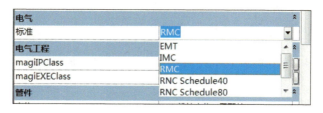

图 4-29

然后，在当前尺寸列表中，可以通过新建、删除和修改来编辑尺寸。ID 表示线管的内径，OD 表示线管的外径。最小弯曲半径是指弯曲线管时所允许的最小弯曲半径（软件中弯曲半径是指圆心到线管中心的距离）。

新建的尺寸"规格"和现有列表不允许重复。如果在绘图区域已绘制了某尺寸的线管，该尺寸将不能被删除，需要先删除项目中的管道，然后才能删除尺寸列表中的尺寸。

3. 绘制线管

在平、立、剖视图和三维视图中均可绘制水平、垂直和倾斜的线管。

1）基本操作

进入线管绘制模式的方式有如下几种：

- 单击"系统"选项卡>"电气">"线管"，如图 4-30 所示。

图 4-30

- 选择绘制区已布置构件族的电缆桥架连接件右击,在弹出的快捷菜单中选择"绘制线管"命令。
- 直接键入快捷键 CN。

绘制线管的具体步骤与电缆桥架、风管、管道均类似,这里不再赘述。

2)带配件和无配件的线管

线管也分为"带配件的线管"和"无配件的线管",绘制时要注意这两者的区别。"带配件的线管"和"无配件的线管"显示对比如图 4-31 所示。

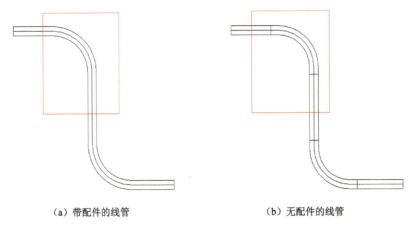

(a) 带配件的线管　　　　　　(b) 无配件的线管

图 4-31

4. "表面连接"绘制线管

"表面连接"是针对线管创建的一个全新功能。通过在族的模型表面添加"表面连接件",在项目中实现从该表面的任何位置绘制一根或多根线管。以一个变压器为例(可以从本书中自带文件中载入),如图 4-32 所示,在其上表面、左/右表面和后表面都添加了"线管表面连接件"。

图 4-32

如图 4-33 所示,右击某一个表面连接件,在弹出的快捷菜单中选择"从面绘制线管"命令,进入编辑界面,如图 4-34 所示,可以随意修改线管在这个面的位置,单击"完成连接"按钮,即可从这个面的某一位置引出线管。使用同样的做法可以从其他面引出多路线管,如图 4-35 所示。类似地,还可以在楼层平面中选择立面方向的"线管表面连接件"来绘制线管,如图 4-36 所示。

第4章 电气系统的绘制

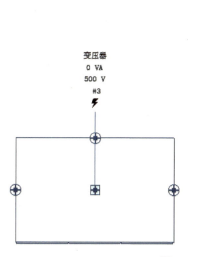

图 4-33

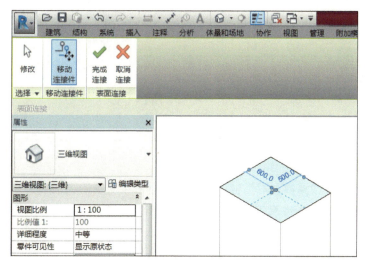

图 4-34

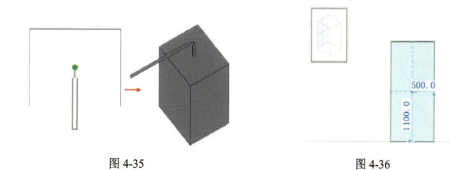

图 4-35　　　　　　　　　　　　　图 4-36

5. 线管显示

Revit MEP 的视图可以通过视图控制栏设置 3 种详细程度：粗略、中等和精细，线管在这 3 种详细程度下的默认显示如下：粗略和中等视图下线管默认为单线显示；精细视图下为双线显示，即线管的实际模型。在创建线管配件等相关族时，应注意配合线管显示特性，确保线管管路显示协调一致。

技术应用要点分析：如何快速区分桥架类型

我们最常使用的方法就是过滤器，为每一种桥架系统添加各自的过滤器，并且在可见性图形替换中填充上不同的颜色，具体步骤如下。

步骤 1：新建以设备类型为过滤条件的过滤器。

（1）在"视图"选项卡上单击"过滤器"按钮（快捷键 VV），在弹出的"过滤器"对话框中单击"新建"按钮，输入一个用于强电电缆桥架的过滤器名称，再单击"确定"按钮，如图 4-37 所示。

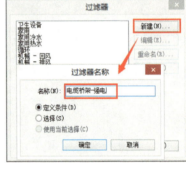

图 4-37

（2）在新弹出的"过滤器"对话框中，将过滤器适用对象的类别设置为"电缆桥架"和"电缆桥架配件"，将过滤条件设置为"设备类型"等于"电力"，单击"确定"按钮完成过滤器的创建，如图 4-38 所示。

（3）虽然电缆桥架没有系统，但是其"设备类型"参数可以用于区分电缆桥架的用途。用户应在绘制电缆桥架过程中，正确选择其设备类型。例如，对于强电电缆桥架，选用"电力"作为设备类型；对于弱电电缆桥架，选用非"电力"的设备类型，如图 4-39 所示。

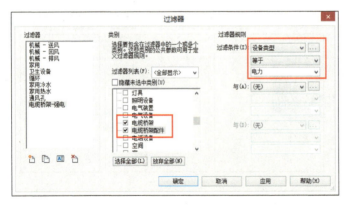

图 4-38　　　　　　　　　　　　　图 4-39

步骤2：在视图中应用过滤器。

（1）打开强电平面图，按快捷键"VV"打开"可见性/图形替换"对话框，切换到"过滤器"选项卡，单击"添加"按钮，添加上一步创建的两个过滤器，如图4-40所示。

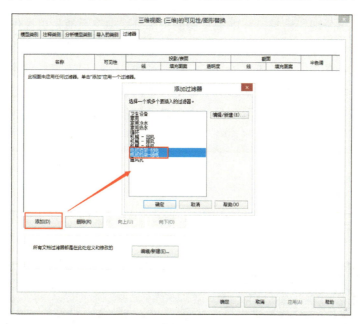

图 4-40

（2）分别给强电、弱电填充上颜色，如图4-41所示。

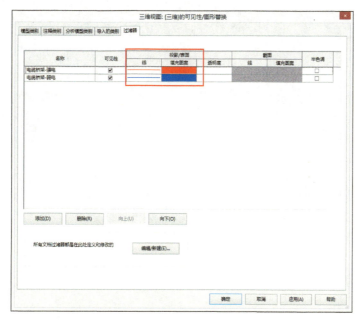

图 4-41

这样绘制的电缆桥架更能清楚地区别桥架的类型。

4.2 案例简介及电气系统的绘制

概述：电气系统是现代建筑设计中很重要的一部分，电气系统是以电能、电气设备和电气技术为手段来创造、维持与改善限定空间和环境的一门科学，它是介于土建和电气两大类学科之间的一门综合学科。经过多年的发展，它已经建立了自己完整的理论和技术体系，发展成为了一门独立的学科，主要包括建筑供配电技术，建筑设备电气控制技术，电气照明技术，防雷、接地与电气安全技术，现代建筑电气自动化技术，现代建筑信息及传输技术等。

本章将通过案例"某办公楼电气系统"来介绍电气专业在 Revit MEP 中建模的方法。

4.2.1 案例介绍

本节选用"某办公楼电气系统设计"图纸，运行 CAD 软件，打开本书配套资源中的"11号楼 2 单元十五层电力平面图" CAD 图纸，如图 4-42 所示。

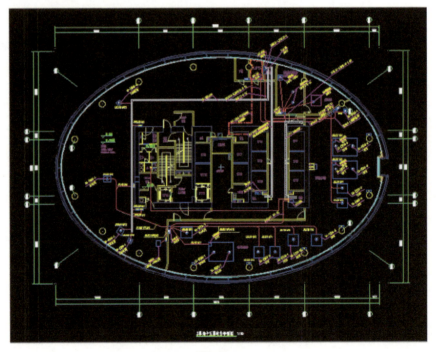

图 4-42

4.2.2 新建项目

运行 Revit MEP 软件，依次单击"应用程序菜单">"打开">"项目"，在弹出的"打开"对话框中选择本书配套资源中的"某办公楼-电缆桥架.rvt"，单击"打开"按钮。

4.2.3 链接CAD设计图纸

单击"插入"选项卡>"链接">"链接CAD",选择本书中自带的"11号楼2单元十五层电力平面图"CAD图纸,具体设置如下:

(1)"图层"设置为"可见","导入单位"设置为"毫米","定位"设置为"自动—原点对原点","放置于"设置为"15F"。

(2)完成设置后,单击"打开"按钮,完成CAD图的导入,如图4-43所示。

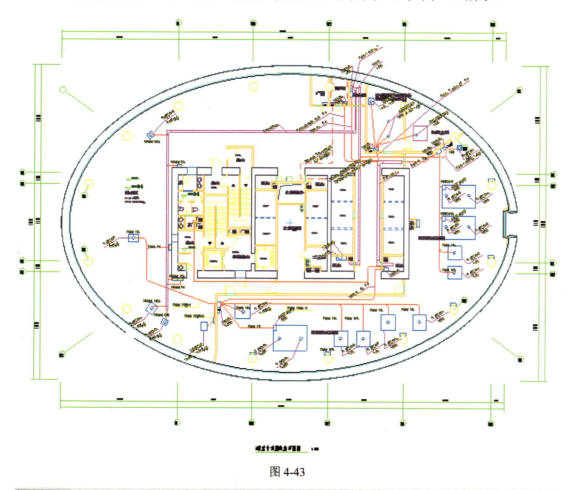

图 4-43

【提示】案例包括多张CAD图纸,图纸的导入规则如上。

在项目浏览器中双击进入"楼层平面15F"平面视图,在左侧"属性"对话框中选择"可见性/图形替换",在"可见性/图形替换"对话框的"注释类别"选项卡下取消勾选"轴网"复选框,然后单击"确定"按钮。隐藏轴网的目的在于使绘图区域更加清晰,便于绘图,如图4-44所示。

图 4-44

4.2.4 电缆桥架的设置

单击"系统"选项卡>"电气">"电缆桥架",选择带配件的梯形电缆桥架,创建一个新的电缆桥架,命名为"CT-200X100",如图 4-45 所示。

图 4-45

绘制如图 4-46 所示的电缆桥架。

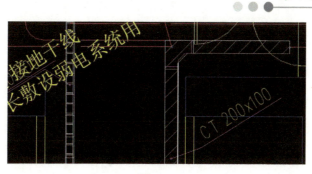

图 4-46

单击"系统"选项卡>"电气">"电缆桥架",或直接键入快捷键 CT,在"类型选择器"中选择"电缆桥架",确定类型。

在选项栏中修改电缆桥架的宽度为 200mm,高度为 100mm,偏移量为 2 895mm(距离梁底 200mm 处),如图 4-47 所示。

图 4-47

单击以确定电缆桥架的起点位置,再次单击以确定电缆桥架的终点位置,弯头处自动生成。此时,完成电缆桥架的绘制,如图 4-48 所示。

修改"视图控制栏"中的详细程度为"精细","模型图形样式"为"线框"。单击"修改|电缆桥架"选项卡>"编辑">"对齐",使电缆桥架的中心线与 CAD 图纸中电缆桥架的中心线对齐,如图 4-49 所示。

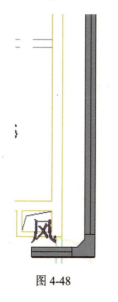

图 4-48

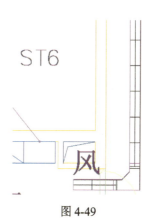

图 4-49

4.2.5 电缆桥架三通、四通和弯头的绘制

1. 电缆桥架弯头的绘制

在绘制状态下，在弯头处直接改变方向，在改变方向的地方会自动生成弯头，如图 4-50 所示。

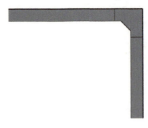

图 4-50

2. 电缆桥架三通的绘制

单击"电缆桥架"工具，或使用快捷键 CT，输入宽度值与高度值，绘制电缆桥架，把鼠标光标移动到桥架合适位置的中心处，单击以确认支管的起点，再次单击以确认支管的终点，在主管与支管的连接处会自动生成三通，如图 4-51 所示。

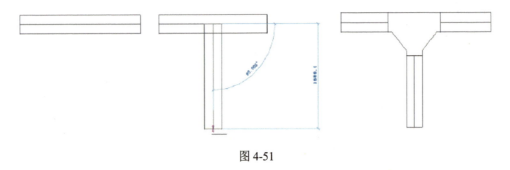

图 4-51

3. 电缆桥架四通的绘制

先绘制一根电缆桥架，再绘制与之相交叉的另一根，两根电缆桥架管的标高一致，第二根电缆桥架横贯第一根，可以自动生成四通，如图 4-52 所示。

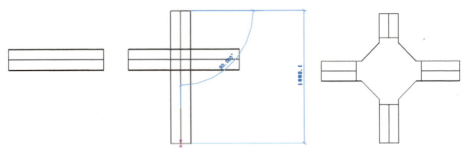

图 4-52

4.2.6 完成案例绘制

按上述绘制方法绘制完成后如图 4-53 所示。

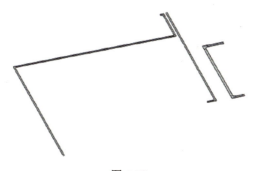

图 4-53

4.3 技术应用技巧

4.3.1 两根有高度差的电缆桥架相交，重叠部分怎么让其虚线显示

（1）不是同一高度的电缆桥架相交时，设置规程为"机械"，视觉样式为"隐藏线"，如图 4-54 所示。

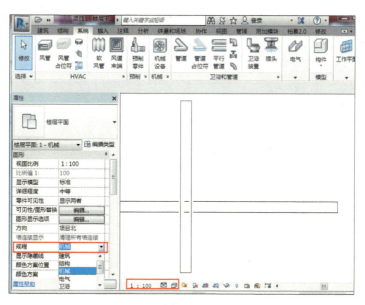

图 4-54

（2）在"系统"选项卡下，单击"电气"下拉按钮中的"电气设置"（快捷键 ES），更改线样式为"隐藏线"，如图 4-55 所示，这样绘制完成后，桥架有高差交叉处的两条线显示为虚线。

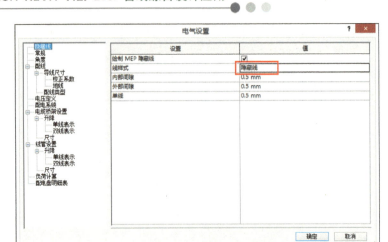

图 4-55

4.3.2 绘制直导线

方法一：带倒角导线，修改"插入顶点"。

(1) 右击需要修改为直角的带倒角导线，在弹出的快捷菜单中选择"插入顶点"命令，再选择倒角区域的一个点，如图 4-56 所示。

(2) 修改完成效果如图 4-57 所示。

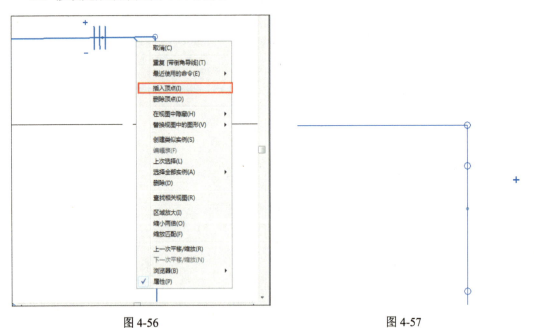

图 4-56 图 4-57

方法二：样条曲线导线。
(1) 选择直导线的起点，起点可以使用电器的电器连接件，也可以是视图中的任意点。
(2) 选择直导线的终点。

① 如果终点是视图中的点，选择该终点之后按"Esc"键或在功能区选项卡上单击"修改"命令退出导线绘制。

② 如果终点是电气连接件，则导线绘制命令自动结束。

方法三：

（1）右击需要变成直导线的导线，在弹出的快捷菜单中选择"删除顶点"命令，如图 4-58 所示。

图 4-58

（2）用同样的方法删除该导线上的所有顶点，效果如图 4-59 所示。

图 4-59

第 5 章　碰撞检查

5.1　碰撞检查简介

水暖电模型搭建好以后，需要进行管线综合，找出并调整有碰撞的管线。利用 Revit MEP 的"碰撞检查"功能可以快速准确地查找出项目中图元之间或主体项目和链接模型的图元之间的碰撞并加以解决，操作步骤如下。

1. 选择图元

如果要对项目中部分图元进行碰撞检查，应先选择所需检查的图元。如果要检查整个项目中的图元，可以不选择任何图元，直接进入运行碰撞检查。

2. 运行碰撞检查

选择所需进行碰撞检查的图元后，单击"协作"选项卡>"坐标">"碰撞检查"下拉列表>"运行碰撞检查"，弹出"碰撞检查"对话框，如图 5-1 和图 5-2 所示。如果在视图中选择了几类图元，则该对话框将进行过滤，可根据图元类别进行选择；如果未选择任何图元，则对话框将显示当前项目中的所有类别。

图 5-1

3. 选择"类别来自"

在"碰撞检查"对话框中，分别从左侧的第一个"类别来自"和右侧的第二个"类别来自"下拉列表中选择一个值，这个值可以是"当前选择"、"当前项目"，也可以是链接的 Revit 模型，软件将检查类别 1 中图元和类别 2 中图元的碰撞，如图 5-3 所示。

在检查和"链接模型"之间的碰撞时应注意如下几点：
- 能检查"当前选择"和"链接模型（包括其中的嵌套链接模型）"之间的碰撞。

图 5-2

图 5-3

- 能检查"当前项目"和"链接模型(包括其中的嵌套链接模型)"之间的碰撞。
- 不能检查项目中两个"链接模型"之间的碰撞。一个类别选择了链接模型后,另一个类别无法再选择其他链接模型。

4. 选择图元类别

分别在类别 1 和类别 2 下勾选所需检查图元的类别,如图 5-4 所示,将检查"当前项目"中"机械设备"、"管件"、"管道"类别的图元和"当前项目"中"风管"、"风管管件"、"风管末端"类别的图元之间的碰撞。

如图 5-5 所示,将检查"当前项目"中"管件"、"风管"、"风管管件"类别的图元和链接模型中"结构框架"类别的图元之间的碰撞。

图 5-4

图 5-5

5. 检查冲突报告

完成上述步骤后，单击"碰撞检查"对话框右下角的"确定"按钮。如果没有检查出碰撞，则会显示一个对话框，通知"未检测到冲突"；如果检查出碰撞，则会显示"冲突报告"对话框，该对话框会列出两两之间相互发生冲突的所有图元。例如，运行管道与风管的碰撞检查，则对话框会先列出管道类别，然后列出与管道有冲突的风管，以及两者对应的图元 ID 号，如图 5-6 所示。

在"冲突报告"对话框中可进行如下操作。

显示：要查看其中一个有冲突的图元，在"冲突报告"对话框中选中该图元的名称，单击下方的"显示"按钮，该图元将在当前视图中高亮显示，如图 5-7 所示。要解决冲突，在视图中直接修改该图元即可。

图 5-6　　　　　　　　　　　　图 5-7

- 刷新：解决冲突后，在"冲突报告"对话框中单击"刷新"按钮，则会从冲突列表中删除发生冲突的图元。注意"刷新"仅重新检查当前报告中的冲突，它不会重新运行碰撞检查。
- 导出：可以生成 HTML 版本的报告。在"冲突报告"对话框中单击"导出"按钮，在弹出的对话框中输入名称，定位到保存报告的所需文件夹，然后再单击"保存"按钮。关闭"冲突报告"对话框后，要再次查看生成的上一个报告，可以单击"协作"选项卡>"坐标">"碰撞检查"下拉列表>"显示上一个报告"，如图 5-8 所示。该工具不会重新运行碰撞检查。

图 5-8

5.2 案例介绍

将之前建立好的水暖电模型用链接的方式链接到建筑结构模型中，定位选择"原点到原点"，如图 5-9 所示。

图 5-9

运行碰撞检查，单击"协作"选项卡>"坐标">"碰撞检查"下拉列表>"运行碰撞检查"，弹出"碰撞检查"对话框，勾选所需碰撞检查的类别，如图 5-10 所示。

图 5-10

单击"确定"按钮，运行碰撞检查，如图 5-11 所示，即可在"冲突报告"对话框中进行显示、导出及修改刷新等操作。

同目前在二维图纸上进行管线综合相比，使用 Revit MEP 进行管线综合，不仅具有直观的三维显示，而且能快速准确地找到并修改碰撞的图元，从而极大地提高绘制管线综合的效率和正确性，使项目的设计和施工质量得到保证。

图 5-11

5.3 技术应用技巧

5.3.1 碰撞优化技巧

在管线综合优化之前，要有一个大概的管线空间布局。要知道大概的安装空间高度是多少、最终管线安装完成面高度是否符合天花设计高度。了解每个系统大概的空间高度。

有了这些定位后开始调整管线，就会减少许多不必要的重复性工作。

1. 在 Revit 中进行碰撞检查

（1）在刚开始的时候要有针对性地进行碰撞检查。首先针对大管线和建筑结构的调整。一般情况下管线和建筑的碰撞可以先不考虑，首先考虑和结构的碰撞（个人习惯）。

（2）在 Revit 碰撞检查中所需碰撞检查的构件不可以进行直接过滤，但是可以在弹出的"碰撞检查"对话框中勾选所需构件进行过滤。如图 5-12 所示，首先进行结构和管道的碰撞。

（3）运行结构和管道的碰撞检查时，由于结构模型绑定到项目中，结构模型以组的形式在项目中存在，但是在 Revit 中运行碰撞检查，不能检测到模型和模型组的碰撞。这时首先要过滤出想要和结构碰撞的管线，选择过滤出来的管线，然后运行碰撞检查，如图 5-13 所示。

（4）然后根据碰撞报告逐步修改碰撞。修改的时候要有先后顺序，这样可以避免一些重复性工作。

图 5-12

图 5-13

2. 在 Revit 中修改碰撞点

（1）首先修改管径较大的管道。先确定其具体位置。当然在修改的时候除管径较大的管道要考虑，管径较大的风管、电缆桥架也要考虑。

（2）为方便选择、修改，一般情况下修改碰撞选择在三维视图中进行，如图 5-14 所示。

图 5-14

(3) 设备管线与结构的碰撞基本解决后即可开始调整管线和管线之间的碰撞。

(4) 有的时候会显示找不到合适的视图，这时只要在三维模型中随便地旋转一下视图即可。

(5) 具体的管线优化操作应基本掌握，遇到问题后再进行针对性的总结。

优化管线常用的视图命令有："HI"、"HH"、"HR"、"SL"、"TR"、"AL"、"CS"、"MA"等，这些快捷键是软件自带的，大家可以根据自己的需要重新编辑快捷键，方便自己使用。

5.3.2 碰撞检查、设计优化原则

管线综合、设计优化的避让原则：

(1) 大管优先。因小管道造价低易安装，且大截面、大直径的管道，如空调通风管道、排水管道、排烟管道等占据的空间较大，在平面图中先作布置。

(2) 临时管线避让长久管线。

(3) 有压让无压。无压管道，如生活污水、粪便污水排水管、雨排水管、冷凝水排水管都是靠重力排水，因此，水平管段必须保持一定的坡度，是顺利排水的必要和充分条件，所以在与有压管道交叉时，有压管道应避让。

(4) 金属管避让非金属管。因为金属管较容易弯曲、切割和连接。

(5) 冷水避让电气。在冷水管道垂直下方不宜布置电气线路。

(6) 电气避让热水。在热水管道垂直下方不宜布置电气线路。

(7) 消防水管避让冷冻水管（同管径）。因为冷冻水管有保温，有利于工艺和造价。

(8) 低压管避让高压管，因为高压管造价高。

(9) 强弱电分设。由于弱电线路如电信、有线电视、计算机网络和其他建筑智能线路易受强电线路电磁场的干扰，因此强电线路与弱电线路不应敷设在同一个电缆槽内，而且留一定距离。

(10) 附件少的管道避让附件多的管道。这样有利于施工和检修，更换管件。各种管线在同一处布置时，还应尽可能做到呈直线、互相平行、不交错，还要考虑预留出施工安装、维修更换的操作距离，以及设置支、柱、吊架的空间等。

水管与其他专业的碰撞修改必须要依据一定的修改原则，主要有以下原则：

① 电线桥架等管线在最上面，风管在中间，水管在最下方。

② 满足所有管线、设备的净空高度的要求，即管道高距离梁底部 200mm。

③ 在满足设计要求、美观要求的前提下尽可能节约空间。

④ 当重力管道与其他类型的管道发生碰撞时，应修改、调整其他类型的管道，即将管道偏移 200mm。

⑤ 其他优化管线的原则可参考各个专业的设计规范。

5.3.3 修改同一标高水管间的碰撞

当同一标高水管间发生碰撞时（见图 5-15），可以按照如下步骤进行修改。

（1）单击"修改"上下文选项卡>"编辑">"拆分"，或使用快捷键 SL，在发生碰撞的管道两侧单击，如图 5-16 所示。

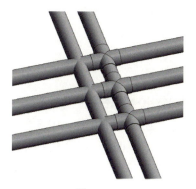
图 5-15

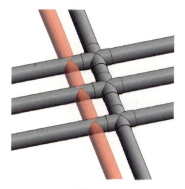
图 5-16

（2）选择中间的管道，按 Delete 键删除该管道。

（3）单击"管道"工具，或使用快捷键 PI，把鼠标光标移动到管道缺口处，出现捕捉时单击，输入修改后的标高，移动到另一个管道缺口处，单击即可完成管道碰撞的修改，如图 5-17 所示。

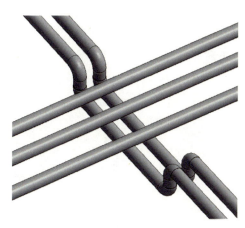
图 5-17

第 6 章   工程量统计

工程量统计是通过明细表功能来实现的，明细表是 Revit MEP 软件的重要组成部分。通过定制明细表，用户可以从所创建的 Revit MEP 模型（建筑信息模型）中获取项目应用中所需要的各类项目信息，应用表格的形式直观地表达。本章将讲述如何使用明细表来统计工程量。

6.1 创建实例明细表

单击"分析"选项卡>"报告和明细表">"明细表/数量"，选择要统计的构件类别，例如风管，设置明细表名称及明细表应用阶段，单击"确定"按钮，如图 6-1 所示。

在弹出的"明细表属性"对话框中，在"字段"选项卡中，从"可用字段"列表框中选择要统计的字段，如族与类型、长度等，然后单击"添加"按钮将所选字段移动到"明细表字段"列表框中，"上移"、"下移"按钮用于调整字段顺序，如图 6-2 所示。

图 6-1

图 6-2

在"过滤器"选项卡中，设置过滤器可以统计其中部分构件，不设置则统计全部构件，在这里不设过滤器，如图 6-3 所示。

在"排序/成组"选项卡中，设置排序方式，可供选择的有"总计"、"逐项列举每个实例"。

勾选"总计"复选框,在其下拉列表中有 4 种总计的方式。勾选"逐项列举每个实例"复选框,则在明细表中统计每一项,如图 6-4 所示。

图 6-3　　　　　　　　　　　　　图 6-4

在"格式"选项卡中,设置"字段"在表格中的标题名称(字段和标题名称可以不同,如"类型"可修改为窗编号)、方向、对齐方式,需要时勾选"计算总数"复选框,统计此项参数的总数,如图 6-5 所示。

在"外观"选项卡中,设置表格线宽、标题及正文、标题文本文字的字体与字号大小,单击"确定"按钮,如图 6-6 所示。

图 6-5　　　　　　　　　　　　　图 6-6

风管明细表如图 6-7 所示。

使用类似的方法创建机械设备明细表和风管管件明细表,如图 6-8 和图 6-9 所示。

用同样的方法在"某办公楼-水系统"中创建管道明细表如图 6-10 所示。

用同样的方法在"某办公楼-电系统"中创建电缆桥架明细表如图 6-11 所示。

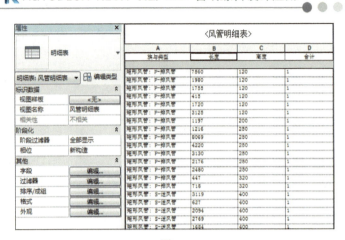

属性	
明细表	
明细表: 风管明细表	编辑类型
标识数据	
视图样板	<无>
视图名称	风管明细表
相关性	不相关
阶段化	
阶段过滤器	全部显示
相位	新构造
其他	
字段	编辑...
过滤器	编辑...
排序/成组	编辑...
格式	编辑...
外观	编辑...

<风管明细表>

A	B	C	D
族与类型	长度	高度	合计
矩形风管: P-排风管	7560	120	1
矩形风管: P-排风管	1980	120	1
矩形风管: P-排风管	1755	120	1
矩形风管: P-排风管	415	120	1
矩形风管: P-排风管	1720	120	1
矩形风管: P-排风管	3125	120	1
矩形风管: P-排风管	1197	200	1
矩形风管: P-排风管	1216	250	1
矩形风管: P-排风管	6069	250	1
矩形风管: P-排风管	4220	250	1
矩形风管: P-排风管	3130	250	1
矩形风管: P-排风管	2176	250	1
矩形风管: P-排风管	2480	250	1
矩形风管: P-排风管	447	320	1
矩形风管: P-排风管	716	320	1
矩形风管: S-送风管	3119	400	1
矩形风管: S-送风管	627	400	1
矩形风管: S-送风管	2094	400	1
矩形风管: S-送风管	2769	400	1
矩形风管: S-送风管	1684	400	1

图 6-7

<机电设备明细表>

A	B
族与类型	合计
排风机: 排风机	1
排风机: 排风机	1
排风机: 排风机	1
消声静压箱(三风口): 消声静压箱(三风口)	1
消声静压箱(两风口): 消声静压箱(两风口)	1
消声静压箱(两风口): 消声静压箱(两风口)	1
消声静压箱(两风口): 消声静压箱(两风口)	1
消音静压箱: 消音静压箱	1
空调机组: 空调机组1	1
空调机组: 空调机组1	1
空调机组: 空调机组2	1
风机: 风机	1
风机: 风机	1
风机: 风机	1
风机: 风机	1
风机箱: 665x754	1
风机箱: 665x754	1
风机箱: 665x754	1
风机箱: 665x754	1
风机箱: 665x754	1
风机箱: 665x754	1
风机箱: 665x754	1
总计: 22	

图 6-8

<风管管件明细表>

A	B	C	D
族	类型	族与类型	尺寸
M_矩形弯头 - 弧形	0.8W	M_矩形弯头 - 弧形: 0.8W	630x400-630x400
M_矩形弯头 - 弧形	0.8W	M_矩形弯头 - 弧形: 0.8W	630x400-630x400
M_矩形弯头 - 弧形	0.8W	M_矩形弯头 - 弧形: 0.8W	630x400-630x400
M_天方地圆 - 角度	30 度	M_天方地圆 - 角度: 30 度	1000x800-732ø
M_矩形弯头 - 弧形	0.8W	M_矩形弯头 - 弧形: 0.8W	630x400-630x400
M_天方地圆 - 角度	30 度	M_天方地圆 - 角度: 30 度	732ø-630x400
M_矩形弯头 - 弧形	0.8W	M_矩形弯头 - 弧形: 0.8W	500x650-500x650
M_矩形弯头 - 弧形	0.8W	M_矩形弯头 - 弧形: 0.8W	500x650-500x650
M_矩形弯头 - 弧形	0.8W	M_矩形弯头 - 弧形: 0.8W	500x650-500x650
M_天方地圆 - 角度	30 度	M_天方地圆 - 角度: 30 度	1012ø-1000x800
M_矩形弯头 - 弧形	0.8W	M_矩形弯头 - 弧形: 0.8W	400x650-400x650
M_矩形弯头 - 弧形	0.8W	M_矩形弯头 - 弧形: 0.8W	500x650-500x650
M_天方地圆 - 角度	30 度	M_天方地圆 - 角度: 30 度	1012ø-500x650
M_天方地圆 - 角度	30 度	M_天方地圆 - 角度: 30 度	1000x800-732ø
M_矩形弯头 - 弧形	0.8W	M_矩形弯头 - 弧形: 0.8W	400x650-400x650
M_天方地圆 - 角度	30 度	M_天方地圆 - 角度: 30 度	732ø-400x650
M_矩形弯头 - 弧形	0.8W	M_矩形弯头 - 弧形: 0.8W	600x600-600x600
M_矩形弯头 - 弧形	0.8W	M_矩形弯头 - 弧形: 0.8W	1300x2500-1300x
M_矩形弯头 - 弧形	0.8W	M_矩形弯头 - 弧形: 0.8W	2500x1300-2500x
M_矩形弯头 - 弧形	0.8W	M_矩形弯头 - 弧形: 0.8W	1300x2500-1300x
M_矩形变径 - 角度	45 度	M_矩形变径 - 角度: 45 度	2500x1300-1700x
M_矩形弯头 - 弧形	0.8W	M_矩形弯头 - 弧形: 0.8W	2500x1000-2500x
M_矩形弯头 - 弧形	0.8W	M_矩形弯头 - 弧形: 0.8W	1300x1000-1300x
矩形变径管 - 角度 -	45 度	矩形变径管 - 角度 - 法兰: 45 度	2500x1000-1300x
M_矩形弯头 - 弧形	0.8W	M_矩形弯头 - 弧形: 0.8W	1600x1000-1600x
矩形变径管 - 角度 -	45 度	矩形变径管 - 角度 - 法兰: 45 度	1600x1000-1000x

图 6-9

<管道明细表>

A	B	C	D	E
族与类型	类型	系统类型	尺寸	长度
管道类型: ZP2L(C)-1	ZP2L(C)-1	循环供水	100	1606
管道类型: ZP2L(C)-1	ZP2L(C)-1	循环供水	100	3976
管道类型: ZP2L(C)-2	ZP2L(C)-2	循环供水	100	1804
管道类型: ZP2L(C)-2	ZP2L(C)-2	循环供水	100	20495
管道类型: ZP2L(C)-2	ZP2L(C)-2	循环供水	100	2793
管道类型: ZP2L(C)-1	ZP2L(C)-1	循环供水	100	2793
管道类型: ZP2L(C)-1	ZP2L(C)-1	循环供水	100	20693
管道类型: WL(C)-1	WL(C)-1	循环供水	100	4105
管道类型: TL(C)-1	TL(C)-1	循环供水	100	4105
管道类型: FL(C)-2	FL(C)-2	循环供水	100	4105
管道类型: XH2L(C)-1	XH2L(C)-1	循环供水	100	79
管道类型: XH2L(C)-1	XH2L(C)-1	循环供水	100	2793
管道类型: XH2L(C)-1	XH2L(C)-1	循环供水	100	996
管道类型: ZP2L(C)-B	ZP2L(C)-B	循环供水	100	103
管道类型: ZP2L(C)-B	ZP2L(C)-B	循环供水	100	3522
管道类型: ZP2L(C)-B	ZP2L(C)-B	循环供水	100	3146
管道类型: ZP2L(C)-B	ZP2L(C)-B	循环供水	100	18846
管道类型: ZP2L(C)-B	ZP2L(C)-B	循环供水	100	3296
管道类型: ZP2L(C)-B	ZP2L(C)-B	循环供水	100	196
管道类型: ZP2L(C)-A	ZP2L(C)-A	循环供水	100	3600
管道类型: ZP2L(C)-A	ZP2L(C)-A	循环供水	100	3246
管道类型: ZP2L(C)-A	ZP2L(C)-A	循环供水	100	1476
管道类型: ZP2L(C)-A	ZP2L(C)-A	循环供水	100	18646
管道类型: ZP2L(C)-1	ZP2L(C)-1	循环供水	100	1196
管道类型: ZP2L(C)-2	ZP2L(C)-2	循环供水	100	2476
管道类型: ZP2L(C)-A	ZP2L(C)-A	循环供水	100	1876

图 6-10

<电缆桥架明细表>

A	B	C	D
族与类型	宽度	高度	长度
带配件的电缆桥架	200 mm	100 mm	20293
带配件的电缆桥架	200 mm	100 mm	814
带配件的电缆桥架	200 mm	100 mm	1350
带配件的电缆桥架	200 mm	100 mm	11200
带配件的电缆桥架	200 mm	100 mm	2350
带配件的电缆桥架	200 mm	100 mm	4304
带配件的电缆桥架	200 mm	100 mm	21670
带配件的电缆桥架	200 mm	100 mm	20525

图 6-11

6.2 编辑明细表

当明细表需要添加新的字段来统计数据时，可通过编辑明细表来实现。在“属性”对话框中单击“字段”后的“编辑”按钮，弹出“明细表属性”对话框，选择需要的字段，如“宽度”，单击“添加”按钮，再单击“上移”、“下移”按钮调整字段的位置，最后单击“确定”按钮，即可完成字段的添加，如图 6-12 所示。此时在明细表添加了“宽度”的参数统计，如图 6-13 所示。

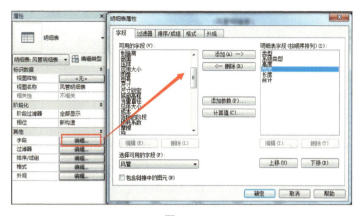

图 6-12

<风管明细表>					
A	B	C	D	E	F
类型	系统类型	高度	宽度	长度	合计
S-送风管	送风	1300	2500	12434	1
S-送风管	送风	400	630	3119	1
S-送风管	送风	400	630	627	1
S-送风管	送风	400	630	2094	1
S-送风管	送风	400	630	2769	1
S-送风管	送风	400	630	1684	1
S-送风管	送风	800	1000	1914	1
S-送风管	送风	650	500	891	1
S-送风管	送风	650	500	794	1
S-送风管	送风	650	500	3534	1
S-送风管	送风	650	500	7598	1
S-送风管	送风	650	500	1792	1
S-送风管	送风	800	1000	2341	1
S-送风管	送风	650	400	6380	1
S-送风管	送风	650	400	6847	1
S-送风管	送风	650	400	2904	1
S-送风管	送风	800	1000	1542	1
P-排风管	送风	600	600	643	1
S-送风管	送风	1300	2500	745	1
S-送风管	送风	1300	2500	977	1
S-送风管	送风	1300	2500	7240	1
S-送风管	送风	1300	2500	4091	1
S-送风管	送风	1300	1700	6100	1
P-排风管	送风	1000	1300	400	1
P-排风管	送风	1000	1300	6210	1
P-排风管	送风	1000	2500	5693	1
P-排风管	送风	1000	1000	4250	1
P-排风管	送风	1000	1600	14024	1

图 6-13

6.3　技术应用技巧

6.3.1　怎样将明细表导出到 DWG 文件中

问题：有时需要将 Revit 中生成的各种明细表导入到 CAD 中使用，但是在明细表视图中并没有导出 DWG 格式的选项，如图 6-14 所示，应该如何操作才能导出 CAD 可识别的文件呢？

方法一：将明细表在应用程序菜单中导出＜报告＜明细表，导出纯文本 TXT 文件，如图 6-15 所示，将"TXT"这一扩展名修改为"XLS"，打开 Excel 表格，然后复制 Excel 中的数据。

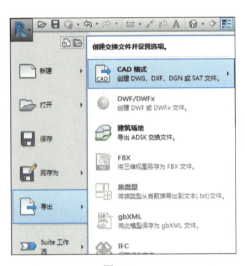
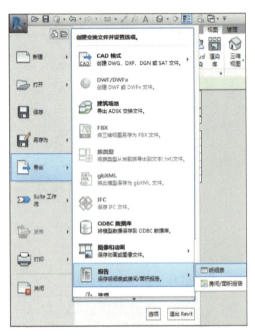

图 6-14　　　　　　　　　　　　　　　图 6-15

通过在 CAD 中进行"选择性粘贴"操作并选择粘贴为 AutoCAD 图元，如图 6-16 所示，通过上述步骤即可生成如图 6-17 所示的在 CAD 中可以编辑的明细表。

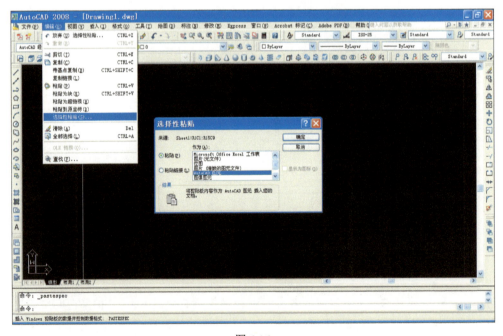

图 6-16

第 6 章 工程量统计

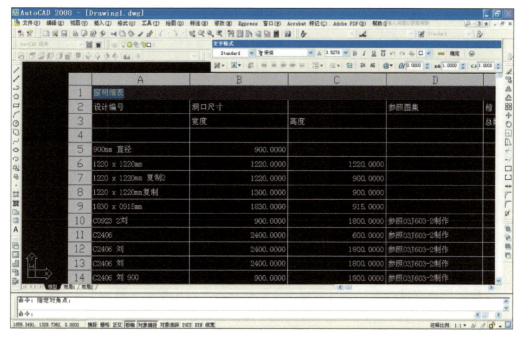

图 6-17

方法二：将明细表拖进 REVIT 图纸中，将图纸导出为 DWG 格式文件，此时可进入 CAD 的图纸空间中找到已经导出的明细表，如果希望将其放至模型空间，可以在 2004 或以下的 CAD 版本中用 EXPRESS 工具条的改变空间 CHSPACE 命令，或高版本 CAD 中的修改、更改空间命令来将图纸空间中的图形导入模型空间中。

6.3.2 如何统计族中的嵌套族

（1）举例：使用家具族，创建一个圆柱体和一个正方体。将正方体载入家具族——圆柱体内，如图 6-18 所示。

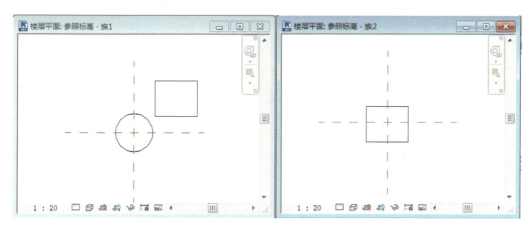

图 6-18

（2）在这里笔者要在载入项目后统计出嵌套族正方体的个数等信息，所以多载入几个，同时勾选正方体族中的共享选项，如图 6-19 所示。

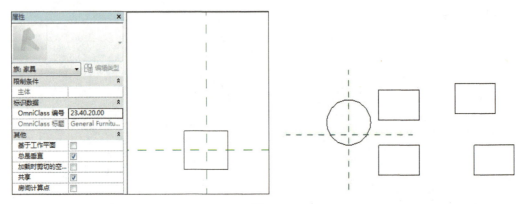

图 6-19

（3）将圆柱体族载入项目中，创建家具明细表。在这里选择参数为"族、合计"，如图 6-20 所示。同时，在"排序/成组"中勾选"总计"，去掉列举每项，如图 6-21 所示。

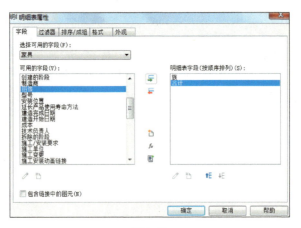

图 6-20

图 6-21

（4）完成明细表创建，结果如图 6-22 所示。

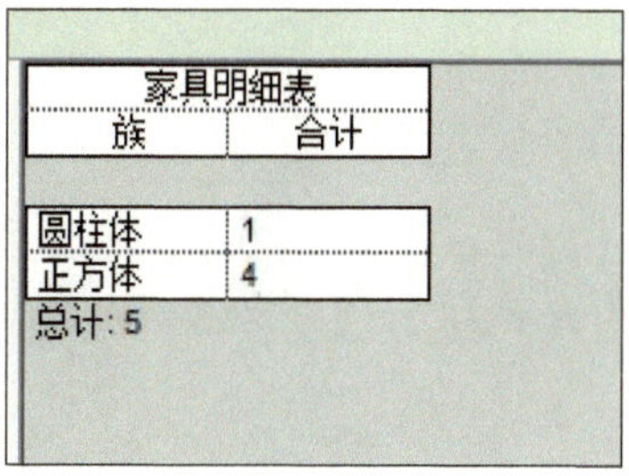

家具明细表	
族	合计
圆柱体	1
正方体	4
总计: 5	

图 6-22

这样即可将嵌套族中的数据统计出来。管件是嵌套族的命名要规范，同时一定要勾选共享选项。

第 7 章 族功能介绍及实例讲解

族,是 Revit 软件中的一个非常重要的构成要素。掌握族的概念和用法至关重要。

正是因为族的概念的引入,才可以实现参数化的设计。比如在 Revit 中可以通过修改参数来实现修改门窗设备族的尺寸及材质等。

也正是因为族的开放性和灵活性,使我们在设计时可以自由定制符合我们设计需求的注释符号和三维构件族等,从而满足了中国建筑师应用 Revit 软件的本地化标准定制的需求。所有添加到项目中的图元(从用于构成建筑模型的结构构件、墙、屋顶、窗和门到 MEP 模型中的管道、附件、风口、机械设备,再到用于记录该模型的详图索引、装置、标记和详图构件)都是使用族创建的。

通过使用预定义的族和在 Revit 中创建新族,可以将标准图元和自定义图元添加到模型中。通过族,还可以对用法和行为类似的图元进行某种级别的控制,以便用户轻松地修改设计和更高效地管理项目。

族是一个包含通用属性(称为参数)集和相关图形表示的图元组。属于一个族的不同图元的部分或全部参数可能有不同的值,但参数(其名称与含义)的集合是相同的,族中的这些变体称为族类型或类型。在 Revit 族中,有些族只能在项目环境中进行设置和修改,比如风管、水管和电缆桥架等,称为"系统族"。而用户能够创建的最为熟悉的族,则是拓展名为.rfa 的"构件族",可以被载入不同项目文件中使用,比如弯头、电灯等。如果要新建或者修改"构件族",则需要使用 Revit 族编辑器。除上述两种族外,还有一种族称为"内建族",它与之前介绍的"构件族"的不同在于,"内建族"只能存储在当前的项目文件中,不能单独存成.rfa 文件,也不能用在别的项目文件中。

本章主要介绍与"构件族"相关的基础知识。

7.1 族的使用

7.1.1 载入族

使用 Revit 在项目设计过程中,往往需要大量的族,Revit 提供多种将族载入项目中的方法。

第 7 章 族功能介绍及实例讲解

- 新建或打开一个项目文件，单击功能区中的"插入">"载入族"，弹出"载入族"对话框，如图 7-1 所示。可以单选和多选要载入的族，然后单击"打开"按钮，选择的族即被载入项目中。

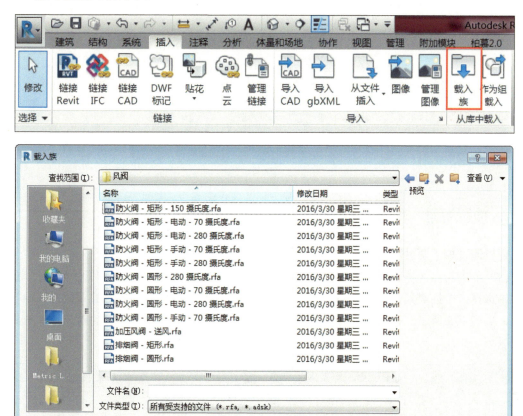

图 7-1

- 新建或打开一个项目文件，通过 Windows 的资源管理器直接将族文件（.rfa 文件）拖到项目的绘图区域，这个族文件即被载入项目中。

打开项目文件后，再打开一个族文件（.rfa 文件），单击功能区中的"创建">"载入到项目中"，如图 7-2 所示，这个族即被载入项目中。

图 7-2

在项目文件中，通过单击项目浏览器中的"族"列表查看项目中所有的族，如图 7-3 所示。"族"列表按族类型分组显示，如"卫浴装置"族类别、"喷水装置"族类别等。

· 169 ·

图 7-3

7.1.2 放置类型

可以通过如下两种方法在项目中放置族：

（1）单击功能区中的"系统"选项卡，在"HVAC"、"机械"、"卫浴和管道"及"电气"面板中选择一个族类别，如图 7-4 所示。单击"风管管件"，激活"修改|放置风管管件"选项卡，如图 7-5 所示，在左侧"属性"对话框的类型选择器中选择一个族的族类型，放置在绘图区域中。

图 7-4

图 7-5

"系统"选项卡中的族类型用于水暖电设计,如果要使用建筑结构族,可单击"建筑"选项卡,如图 7-6 所示。

图 7-6

(2)在项目浏览器中,选择要放置的族类型名,如矩形风管,直接拖到绘图区域中进行绘制,如图 7-7 所示。

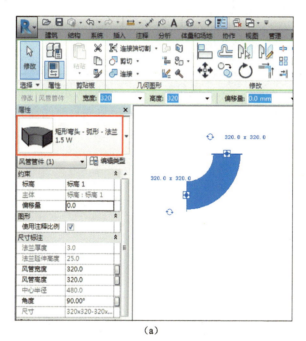

(a)

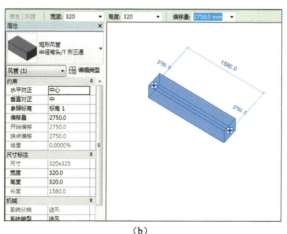

(b)

图 7-7

有些族是基于面创建的族，在放置到项目中时，需放置在实体表面上（如墙面、楼板等）。放置时，应先在"修改|放置构件"选项卡的"放置"面板中选择放置的面类型，如图 7-8 所示。

图 7-8

7.1.3　编辑项目中的族和族类型

1. 可以通过如下 3 种方法编辑项目中的族

在项目浏览器中，选择要编辑的族名，然后右击，在弹出的快捷菜单中选择"编辑"命令，如图 7-9 所示，此操作将打开"族编辑器"。在"族编辑器"中编辑族文件，将其重新载入到项目文件中，覆盖原来的族（"族编辑器"的应用将在后面的内容中详细介绍）。

图 7-9

在右键快捷菜单中还可以对族进行"新建类型"、"删除"、"重命名"、"保存"、"搜索"和"重新载入"的操作。如果族已放置在项目绘图区域中，可以单击该族，然后在功能区中单击"编辑族"，如图 7-10 所示，打开"族编辑器"。

图 7-10

同样对于已放置在项目绘图区域中的族，右击族，在弹出的快捷菜单中选择"编辑族"命令，如图 7-11 所示，也将打开"族编辑器"。

但上述方法不能编辑系统族，比如风管、水管和电缆桥架等，不可以使用"族编辑器"编辑系统族，只能在项目中创建、修改和删除它的族类型。

第 7 章 族功能介绍及实例讲解

图 7-11

2. 可以通过如下两种方法编辑项目中的族类型

在项目浏览器中，选择要编辑的族类型名，双击（或右击，在弹出的快捷菜单中选择"类型属性"命令），弹出"类型属性"对话框，如图 7-12 所示。

如果族已放置在项目绘图区域中，可以单击该族，然后在"属性"对话框中单击"编辑类型"，如图 7-13 所示，也将弹出"类型属性"对话框。

图 7-12

图 7-13

• 173 •

要选择某个类型的所有实例,可以在项目浏览器中或绘图区域右击该族类型,在弹出的快捷菜单中选择"选择全部实例">"在视图中可见"或"在整个项目中"命令,如图 7-14 所示,这些实例将会在绘图区域高亮显示,同时在 Revit MEP 窗口右下角图标显示选定图元的个数。

图 7-14

7.1.4 创建构件族

为了满足不同项目的需要,用户往往需要修改和新建构件族,掌握"族编辑器"的使用方法和技巧会帮助用户正确高效地修改和创建构件族,为项目设计打下坚实的基础。通常"族编辑器"创建构件族的基本步骤如下:

(1)选择族的样板。
(2)设置族类别和族参数。
(3)创建族的类型和参数。
(4)创建实体。
(5)设置可见性。
(6)添加族的连接件。

7.2 族的样板

单击 Revit MEP 2017 界面左上角的"应用程序菜单" 按钮>"新建">"族",选择一个 .rft 样板文件,如图 7-15 所示。使用不同的样板创建的族有不同的特点。

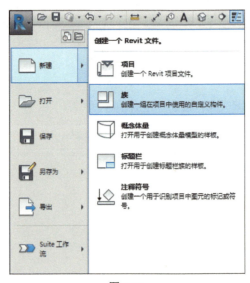

图 7-15

1. 公制常规模型.rft

该族样板最常用，用它创建的族可以放置在项目的任何位置，不用依附于任何一个工作平面和实体表面。

2. 基于面的公制常规模型.rft

用该样板创建的族可以依附于任何的工作平面和实体表面，但是它不能独立地放置到项目的绘图区域，必须依附于其他的实体。

3. 基于墙、天花板、楼板和屋顶的公制常规模型.rft

这些样板统称基于实体的族样板，用它们创建的族一定要依附在某一个实体表面上。例如，用"基于墙的公制常规模型.rft"创建的族，在项目中它只能依附在墙这个实体上，不能腾空放置，也不能放在天花板、楼板和屋顶平面上。

4. 基于线的公制常规模型.rft

该样板用于创建详图族和模型族，与结构梁相似，这些族使用两次拾取放置。用它创建的族在使用上类似于画线或风管的效果。

5. 公制轮廓族.rft

该样板用于画轮廓，轮廓被广泛应用于族的建模中，比如放样命令。

6. 常规注释.rft

该样板用于创建注释族，用来注释标注图元的某些属性。和轮廓族一样，注释族也是二维族，在三维视图中是不可见的。

7. 公制详图构件.rft

该样板用于创建详图构件，建筑族使用得比较多，MEP 也可以使用，其创建及使用方法基本和注释族类似。

8. 创建自己的族样板

Revit 提供了十分简便的族样板创建方法，只要将文件的扩展名.rfa 改成.rft，就能直接将一个族文件转变成一个族样板文件。

7.3 族类别和族参数

7.3.1 族类别

在选择族的样板后，即可进入"族编辑器"，如图 7-16 所示。

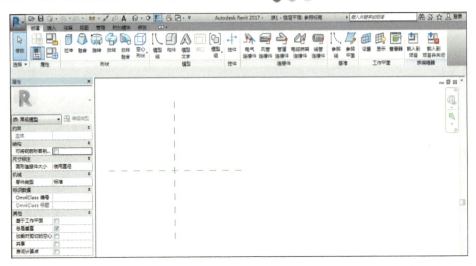

图 7-16

首先需要设置"族类别和族参数"。单击功能区中的"创建"选项卡>"族类别和族参数",打开"族类别和族参数"对话框,如图 7-17 所示。

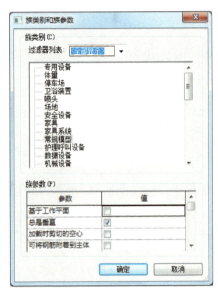

图 7-17

该对话框十分重要,它将决定族在项目中的工作特性。选择不同的"族类别",会显示不同的"零件类型"和系统参数。

7.3.2 族参数

选择不同的"族类别"可能会有不同的"族参数"显示。这里以"常规模型"族类别为例,介绍其族参数的作用,如图 7-18 所示。

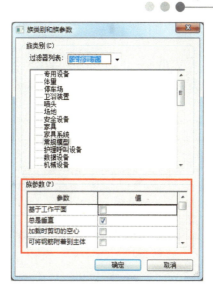

图 7-18

"常规模型"族是一个通用族，不带有任何水、暖、电族的特性，它只有形体特征，如下是其中一些族参数的意义。

1. 基于工作平面

如果勾选了"基于工作平面"，即使选用了"公制常规模型.rft"样板创建的族也只能放在一个工作平面或实体表面，类似于选择了"基于面的公制常规模型.rft"样板创建的族。对于 Revit MEP 的族，通常不勾选该项。

2. 总是垂直

对于勾选了"基于工作平面"的族和基于面的公制常规模型创建的族，如果勾选了"总是垂直"，族将相对于水平面垂直，如图 7-19（a）所示；如果不勾选"总是垂直"，族将垂直于某个工作平面，如图 7-19（b）所示。

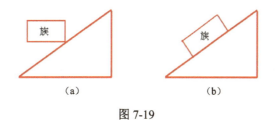

图 7-19

3. 共享

如果勾选了"共享"，当这个族作为嵌套族载入到另一个父族中，该父族被载入到项目中后，勾选了"共享"的嵌套族也能在项目中被单独调用，实现共享。默认不勾选。

4. OmniClass 编号/标题

这两项用来记录"OmniClass"标准，对于中国地区的族不用填写。

5. 零件类型

"零件类型"和"族类别"密切相关，下面介绍 Revit MEP 中常用的几种族类别及其部件类型的选择。MEP 常用的族类别和部件类型的适用情形如表 7-1 所示。

表 7-1

族 类 别	部件类型
风道末端、风管附件、风管管件、机械设备、管路附件、管件、卫浴装置、喷头	阻尼器、插入、T 形三通、Y 形三通、四通、多个端口、偏移量、弯头、接头-可调、接头-垂直、斜 T 形三通、斜四通、活接头、管帽、裤衩管、过渡件、标准、传感器、嵌入式传感器、收头、阀门-插入、阀门-法线
通信设备、数据设备、电气设备、电气装置、火警设备、护理呼叫设备、安全设备、电话设备、灯具、照明设备	标准、设备开关、变压器、开关板、配电盘、开关、接线盒、其他配电盘
电缆桥架配件	槽式弯头、槽式垂直弯头、槽式四通、槽式 T 形三通、槽式过渡件、槽式活接头、槽式乙字弯、槽式多个端口、梯式弯头、梯式垂直弯头、梯式四通、梯式 T 形三通、梯式过渡件、梯式活接头、梯式乙字弯、梯式多个端口
线管配件	弯头、管帽、活接头、多个端口、T 形三通、四通、接线盒弯头

7.4 族类型和参数

当设置完族类别和族参数后，打开"族类型"对话框，对族类型和参数进行设置。单击功能区中的"创建"选项卡>"族类型"，打开"族类型"对话框，如图 7-20 所示。

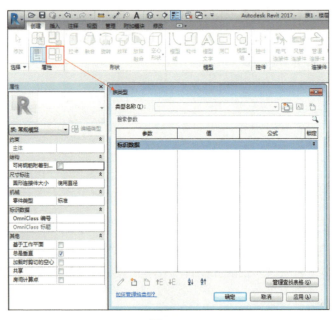

图 7-20

7.4.1 新建族类型

"族类型"是在项目中用户可以看到的族的类型。一个族可以有多个类型,每个类型可以有不同的尺寸形状,并且可以分别调用。在"族类型"对话框中单击"新建"按钮可以添加新的族类型,对已有的族类型还可以进行"重命名"和"删除"操作。

7.4.2 添加参数

参数对于族十分重要,正是有了参数来传递信息,族才具有了强大的生命力。单击"族类型"对话框中的"添加"按钮,打开"参数属性"对话框,如图 7-21 所示。下面介绍一些常用设置。

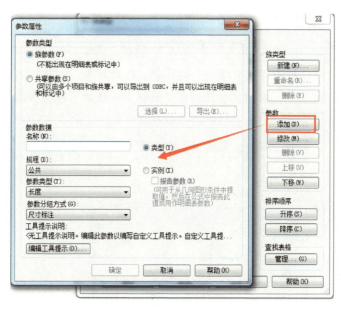

图 7-21

1. 参数类型

1)族参数

参数类型为"族参数"的参数,载入项目文件后,不能出现在明细表或标记中。

2)共享参数

参数类型为"共享参数"的参数,可以由多个项目和族共享,载入项目文件后,可以出现在明细表和标记中。如果使用"共享参数",将在一个 TXT 文档中记录这个参数。

3)系统参数

在 Revit 中还有一类参数,叫作"系统参数",用户不能自行创建这类参数,也不能修改或删除它们的参数名。选择不同的"族类别",在"族类型"对话框中会出现不同的"系统参数"。"系统参数"也可以出现在项目的明细表中。

2. 参数数据

1）名称

参数名称可以任意输入，但在同一个族内，参数名称不能相同。参数名称区分大小写。

2）规程

有 5 种"规程"可选择，如表 7-2 所示。Revit MEP 最常用的"规程"有公共、HVAC、电气和管道。

表 7-2

	规　程	说　　明
1	公共	可以用于任何族参数的定义
2	结构	用于结构族
3	HVAC	用于定义暖通族的参数
4	电气	用于定义电气族的参数
5	管道	用于定义管道族的参数

不同"规程"对应显示的"参数类型"也不同。在项目中，可按"规程"分组设置项目单位的格式，如图 7-22 所示，所以此处选择的"规程"也决定了族参数在项目中调用的单位格式。

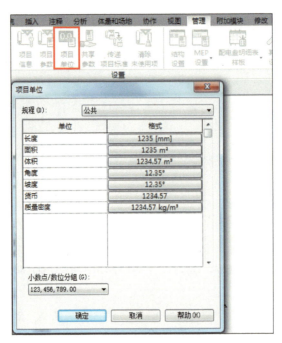

图 7-22

3. 参数类型

"参数类型"是参数最重要的特性，不同的"参数类型"有不同的特点和单位。以"公共"规程为例，其"参数类型"的说明如表 7-3 所示。

4. 参数分组方式

"参数分组方式"定义了参数的组别,其作用是使参数在"族类型"对话框中按组分类显示,方便用户查找参数。该定义对于参数的特性没有任何影响。

5. 类型/实例

用户可根据族的使用习惯选择"类型参数"或"实例参数",其说明如表7-4所示。

表 7-3

	参数类型	说　　明
1	文字	可以随意输入字符,定义文字类型参数
2	整数	始终表示为整数的值
3	数值	用于各种数字数据,是实数
4	长度	用于建立图元或子构件的长度
5	面积	用于建立图元或子构件的面积
6	体积	用于建立图元或子构件的体积
7	角度	用于建立图元或子构件的角度
8	坡度	用于定义坡度的参数
9	货币	用于货币参数
10	URL	提供至用户定义的URL网络连接
11	材质	可在其中指定选定材质的参数
12	是/否	使用"是"或"否"定义参数,可与条件判断连用
13	<族类型...>	用于嵌套构件,不同的族类型可匹配不同的嵌套族

表 7-4

	规　程	说　　明
1	类型参数	如果有同一个族的多个相同的类型被载入到项目中,类型参数的值一旦被修改,则所有的类型个体都会发生相应的变化
2	实例参数	如果有同一个族的多个相同的类型被载入到项目中,其中一个类型的实例参数的值一旦被修改,则只有当前被修改的这个类型的实体会相应变化,该族的其他类型的这个实物参数的值仍然保持不变。在创建实例参数后,所创建的参数名后将自动加上"(默认)"两字

7.5 族编辑器基础知识

在添加参数后,可以开始创建族的模型。本节先介绍族编辑器的一些基础知识。

7.5.1 参照平面和参照线

"参照平面"和"参照线"在族的创建过程中最常用,它们是辅助绘图的重要工具。在进行参数标注时,必须将实体"对齐"放在"参照平面"上并锁住,由"参照平面"驱动实体,如图7-23所示。该操作方法严格贯穿整个建模的过程。"参照线"主要用于控制角度参变。

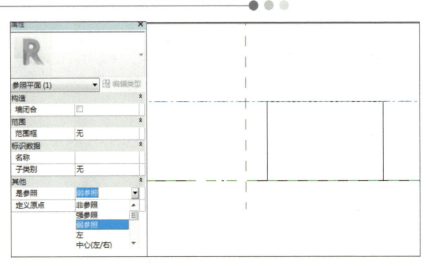

图 7-23

通常在大多数的族样板（RFT 文件）中已经画有 3 个参照平面，它们分别为 X、Y 和 Z 平面方向，其交点是（0,0,0）点。这 3 个参照平面被固定锁住，并且不能被删除。通常情况下不要去解锁和移动这 3 个参照平面，否则可能导致所创建的族原点不在（0,0,0）点，无法在项目文件中正确使用。

1. 参照平面

1）绘制参照平面

选择"公制常规模型.rft"创建一个族，单击功能区中的"创建"选项卡>"参照平面"，如图 7-24 所示。将鼠标光标移至绘图区域，单击即可指定"参照平面"起点，移动至终点位置再次单击，即完成一个"参照平面"的绘制。接下来可以继续移动鼠标光标绘制下一个"参照平面"，或按两下 Esc 键退出。

图 7-24

2）参照平面属性

① 是参照

对于参照平面，"是参照"是最重要的属性。不同的设置使参照平面具有不同的特性。选择绘图区域的参照平面，打开"属性"对话框，打开"是参照"下拉列表，如图 7-25 所示。

表 7-5 说明了"是参照"中各选项的特性。

第7章 族功能介绍及实例讲解

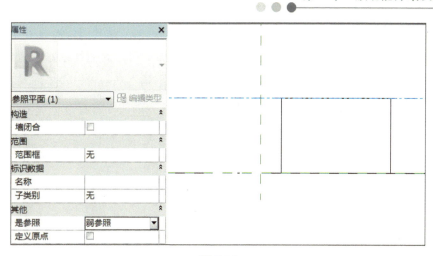

图 7-25

表 7-5

参照类型	说明
非参照	这个参照平面在项目中无法捕捉和标注尺寸
强参照	强参照的尺寸标注和捕捉的优先级最高。创建一个族并将其放置在项目当中，放置此族时，临时尺寸标注会捕捉到族中任何"强参照"。在项目中选择此族时，临时尺寸标注将显示在"强参照"上。如果放置永久性尺寸标注，几何图形中的"强参照"将首选高亮显示，如图7-26 所示 图 7-26
弱参照	"弱参照"的尺寸标注优先级比"强参照"低。将族放置到项目当中并对其进行尺寸标注时，可能需要按Tab键选择"弱参照"
左	这些参照，在同一族中只能使用一次，其特性和"强参照"类似。通常用来表示样板自带的三个参照平面：中心（左/右）、中心（前/后）和中心（标高），还可以用来表示族最外端的参照平面：左、右、前、后、底和顶
中心（左/右）	
右	
前	
中心（前/后）	
后	
底	
中心（标高）	
顶	

② 定义原点

"定义原点"用来定义族的插入点。Revit MEP 族的插入点可以通过参照平面定义。如图 7-27 所示，选择"中心（前/后）"参照平面的定义原点。默认样板中的 3 个参照平面都勾

• 183 •

选了"定义原点"，一般不要去更改它们。在族的创建过程中，常利用样板自带的 3 个参照平面，即族默认的（0,0,0）点作为族的插入点。在建模开始时，就应计划好以这一点作为建模的出发点，以创建出高质量的族。用户如果想改变族的插入点，可以先选择要设置插入点的参照平面，然后在"属性"对话框中勾选"定义原点"，这个参照平面即成为插入点。

图 7-27

③ 名称

当一个族中有很多参照平面时，可命名参照平面，以帮助区分。选择要设置名称的参照平面，然后在"属性"对话框中的"名称"文本框中输入名字，参照平面的名称不能重复。参照平面被命名后，可以重命名，但无法清除名称。

2. 参照线

"参照线"和"参照平面"的功能基本相同，它主要用于实现角度参变。要实现参照线的角度自由变化，应做到如下几点。

1）绘制参照线

单击功能区中的"创建"选项>"参照线"，如图 7-28 所示，默认以直线绘制。

图 7-28

将鼠标光标移至绘图区域，单击即可指定"参照线"起点，移动至终点再次单击，即完成这一"参照线"的绘制。接下来可以继续移动鼠标光标绘制下一"参照线",或按两下 Esc 键退出,如图 7-29 所示。

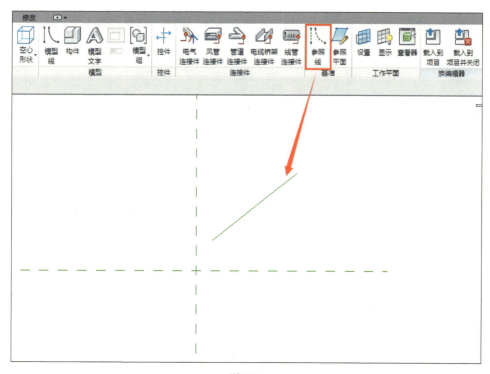

图 7-29

单击功能区中的"修改"选项卡>"对齐",如图 7-30 所示。

如图 7-31 所示,先选择垂直的参照平面,然后选择参照线的端点,如果选不到端点可以按 Tab 键进行切换选择。这时将出现一个锁形状的图标,默认是打开的,单击一下锁,将该锁锁住,使这条参照线和垂直的参照平面对齐锁住。

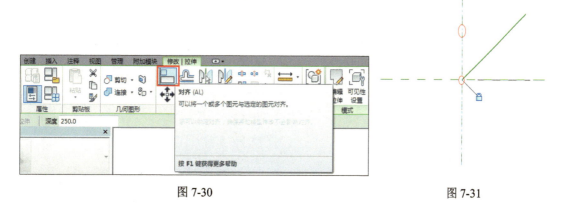

图 7-30　　　　　　　　　　　　　图 7-31

同理,将参照线和水平的参照平面对齐锁住。

2）标注参照线之间的夹角

单击功能区中的"注释"选项卡>"角度"，如图 7-32 所示。

图 7-32

选择参照线和水平的参照平面，然后选择合适的地点放置尺寸标注，按两下 Esc 键退出尺寸标注状态，如图 7-33 所示。

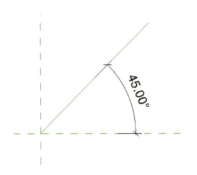

图 7-33

给夹角添加参数。单击刚刚标注的角度尺寸，在选项栏中选择"标签">"<添加参数…>"，打开"参数属性"对话框，输入参数名"角度"，如图 7-34 所示。如果之前已经在"族类型"对话框中添加了"角度"的参数，只要在"标签"下拉列表中选择这个参数即可。

图 7-34

若改变了参数的值，则参照线的角度也会相应变化。在"族类型"对话框中将"角度"的值改成 60°，单击"应用"按钮，则绘图区域中的尺寸标注变成 60°，并且参照平面的角度也随之改变，如图 7-35 所示。

"参照线"和"参照平面"相比除多了两个端点的属性，还多了两个工作平面。如图 7-36 所示，切换到三维视图，将鼠标光标移到参照线上，可以看到水平和垂直的两个工作平面。在建模时，可以选择参照线的平面作为工作平面，这样创建的实体位置可以随参照线的位置而改变。

图 7-35　　　　　　　　　　　　　　　图 7-36

7.5.2　工作平面

Revit MEP 中的每个视图都与工作平面相关联，所有的实体都在某一个工作平面上。在族编辑器中的大多数视图中，工作平面是自动设置的。执行某些绘图操作及在特殊视图中启用某些工具（如在三维视图中启用"旋转"和"镜像"）时，必须使用工作平面。绘图时，可以捕捉工作平面网格，但不能相对于工作平面网格进行对齐或尺寸标注。

1．工作平面的设置

单击功能区中的"创建"选项卡>"工作平面">"设置"，打开"工作平面"对话框，如图 7-37 所示。

图 7-37

可以通过如下方法来指定工作平面：
- 在"名称"下拉列表中选择已经命名的参照平面的名字。
- 拾取一个参照平面。
- 拾取实体的表面。
- 拾取参照线的水平和垂直的法面。
- 拾取任意一条线并将这条线的所在平面设置为当前的工作平面。

2．工作平面的显示

单击功能区中的"创建"选项卡>"工作平面">"显示"，显示或隐藏工作平面，图 7-38 所示为显示的工作平面，工作平面默认的是隐藏。

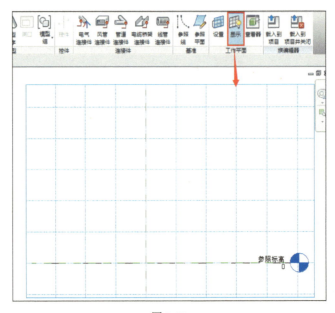

图 7-38

7.5.3 模型线和符号线

1. 模型线

模型线无论在哪个工作平面上绘制，在其他视图都可见。比如，在楼层平面视图上绘制了一条模型线，把视图切换到三维视图，模型线依然可见。

单击功能区中的"创建"选项卡>"模型">"模型线"，如图 7-39 所示，绘制模型线。

图 7-39

2. 符号线

符号线能在平面和立面上绘制，但是不能在三维视图中绘制。符号线只能在其所绘制的视图中显示，在其他的视图中都不可见。比如在楼层平面视图中绘制了一条符号线，将视图切换到三维视图，这条符号线将不可见。

单击功能区中的"注释"选项卡>"详图">"符号线"，如图 7-40 所示，绘制符号线。

图 7-40

用户可根据族的显示需要，合理选择绘制模型线或符号线，使族具有多样的显示效果。

7.5.4 模型文字和文字

1. 模型文字

单击功能区中的"创建"选项卡>"模型文字"，如图 7-41 所示，创建三维实体文字。当族载入到项目中后，在项目中模型文字可见。

图 7-41

2. 文字

单击功能区中的"注释"选项卡>"文字"，添加文字注释，如图 7-42 所示。这些文字注释只能在族编辑器中可见，当族载入项目中时，这些字不可见。

图 7-42

7.5.5 控件

在族的创建过程中，有时会用到"控件"按钮。该按钮的作用是让族在项目中可以按照控件的指向方向翻转，具体添加和使用的方法如下。

（1）基于"公制常规模型"样板新建一个族文件，并在绘图区域绘制图 7-43 所示的图形。

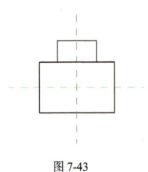

图 7-43

（2）单击功能区中的"创建"选项卡>"控件"，如图 7-44 所示。

图 7-44

（3）单击功能区中的"修改|放置控制点"选项卡>"双向垂直"，如图 7-45 所示。

图 7-45

(4）在图形的右侧区域单击，完成一个"双向垂直"控件的添加，如图 7-46 所示。

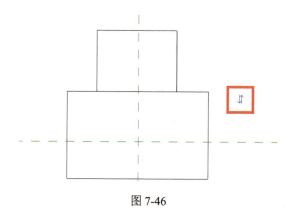

图 7-46

（5）将这个族加载到项目中并插入到绘图区域，当单击该族时就会出现"双向垂直"的控件符号，单击该"双向垂直"控件符号，该族就会上下翻转，如图 7-47 所示。

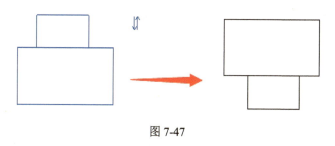

图 7-47

其他控件的添加和使用基本相同，这里不再赘述。

7.5.6 可见性和详细程度

通过可见性设置对话框，可以控制每个实体的显示情况。

新建一个族，在同一位置绘制一个长方体和一个圆柱体，如图 7-48 所示。

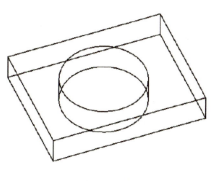

图 7-48

在没有设置粗略、中等、精细时,两个实体在各个视图和详细程度中都会显示。通过如下操作可以对它们进行显示控制。

(1) 单击选中长方体。

(2) 单击功能区中的"可见性设置",或者在"属性"对话框的"可见性/图形替换"中单击"编辑"按钮,如图 7-49 所示。

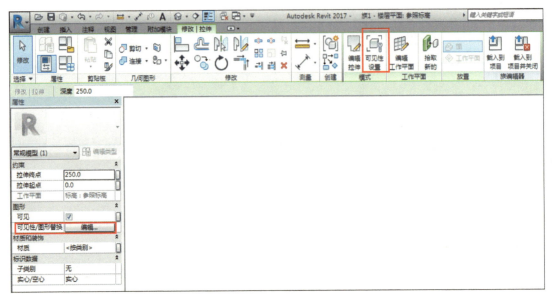

图 7-49

(3) 在打开的"族图元可见性设置"对话框中,勾选"详细程度"选项组中的"精细"复选框,单击"确定"按钮,如图 7-50 所示,使长方体只在"精细"程度时显示。

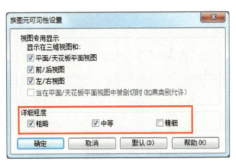

图 7-50

(4) 单击选中圆柱体。

(5) 同步骤(2),打开"族图元可见性设置"对话框。

(6) 只勾选"详细程度"选项组中的"中等"复选框,单击"确定"按钮,使圆柱体只在"中等"程度时显示。新建一个项目,把族载入到项目中。当在视图控制栏中选择"中等"时显示的是圆柱体,当选择"精细"时显示的是长方体,如图 7-51 所示。

第 7 章 族功能介绍及实例讲解

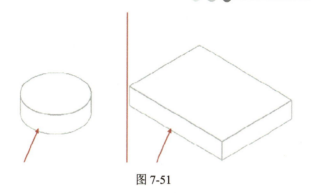

图 7-51

在族编辑器中,"不可见"的图元显示为灰色,载入到项目中才会完全不可见。在"族图元可见性设置"对话框中还可以设置族在平面/天花板平面、前/后、左/右等视图中的可见性,该设置在族的创建中也被广泛使用。

7.6 三维模型的创建

创建族三维模型最常用的命令是创建实体模型和空心模型,熟练掌握这些命令是创建族三维模型的基础。在创建时需遵循的原则是:任何实体模型和空心模型都尽量对齐并锁在参照平面上,通过在参照平面上标注尺寸来驱动实体的形状改变。

在功能区的"创建"选项卡中,提供了"拉伸"、"融合"、"旋转"、"放样"、"放样融合"和"空心形状"的建模命令,如图 7-52 所示。下面将分别介绍它们的特点和使用方法。

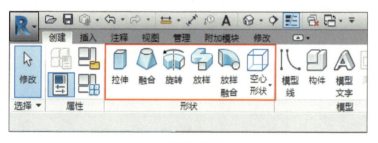

图 7-52

7.6.1 拉伸

"拉伸"命令是通过绘制一个封闭的拉伸端面并给予一个拉伸高度来建模的,其使用方法如下:

(1) 在绘图区域绘制 4 个参照平面,并在参照平面上标注尺寸,如图 7-53 所示。

(2) 单击功能区中的"创建"选项卡>"拉伸",出现"修改|创建拉伸"选项卡。选择用"矩形"方式在绘图区域绘制,绘制完后按 Esc 键退出绘制,如图 7-54 所示。

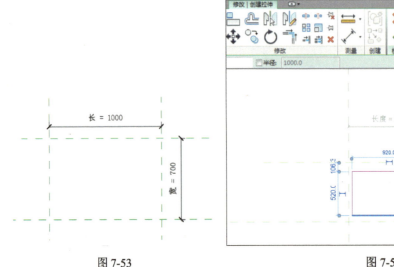

图 7-53　　　　　　　　　图 7-54

（3）单击"修改|创建拉伸"选项卡>"对齐"，将刚刚任意绘制的矩形和原先的 4 个参照平面对齐并锁上，如图 7-55 所示。

图 7-55

（4）单击"修改|创建拉伸"选项卡中的"完成"按钮，完成这个实体的创建。

（5）如果需要在高度方向上标注尺寸，用户可以在任何一个立面上绘制参照平面，然后将实体的顶面和底面分别锁在两个参照平面上，再在这两个参照平面之间标注尺寸，将尺寸匹配一个参数，这样即可通过改变每个参数值来参变长方体的长、宽、高的形状。对于创建完的任何实体，用户还可以重新编辑。单击想要编辑的实体，然后再单击"修改|拉伸"选项卡>"编辑拉伸"，进入编辑拉伸的界面。用户可以重新绘制拉伸的端面，完成修改后单击"完成"按钮，即可保存修改，退出编辑拉伸的绘图界面，如图 7-56 所示。

第 7 章 族功能介绍及实例讲解

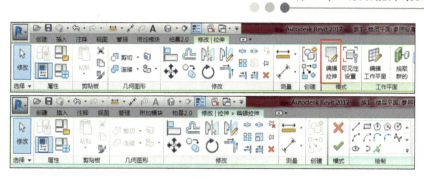

图 7-56

7.6.2 融合

利用"融合"命令可以将两个平行平面上的不同形状的端面进行融合建模，其使用方法如下。

（1）单击功能区中的"创建"选项卡>"融合"，默认进入"修改|创建融合底部边界"选项卡，如图 7-57 所示。这时可以绘制底部的融合面形状，绘制一个圆。

图 7-57

（2）单击"编辑顶部"按钮，切换到顶部融合面的绘制，绘制一个矩形。

（3）底部和顶部都绘制完后，通过单击"编辑顶点"按钮可以编辑各个顶点的融合关系，如图 7-58 所示。

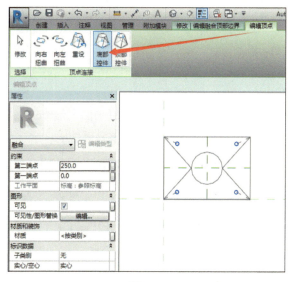

图 7-58

• 195 •

（4）单击"修改|编辑融合顶部边界"选项卡中的"完成"按钮，完成融合建模，如图 7-59 所示。

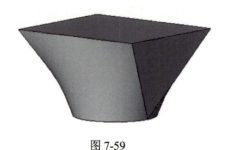

图 7-59

7.6.3 旋转

利用"旋转"命令可创建围绕一根轴旋转而成的几何图形。可以绕一根轴旋转 360°，也可以只旋转 180°或任意角度，其使用方法如下：

（1）单击功能区中的"创建"选项卡＞"旋转"，出现"修改|创建旋转"选项卡，默认先绘制"边界线"。可以绘制任何形状，但边界必须是闭合的，如图 7-60 所示。

图 7-60

（2）单击选项卡中的"轴线"按钮，在中心的参照平面上绘制一条竖直的轴线，如图 7-61 所示。用户可以绘制轴线，也可以选择已有的直线作为轴线。

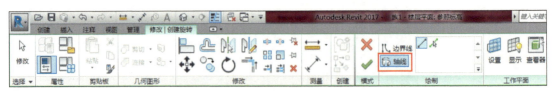

图 7-61

（3）完成边界线和轴线的绘制后，单击"完成"按钮，完成旋转建模。可以切换到三维视图查看建模的效果，如图 7-62 所示。

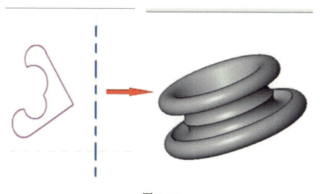

图 7-62

用户还可以对已有的旋转实体进行编辑。单击创建好的选择实体，在"属性"对话框中，将"起始角度"修改成 60°，将"结束角度"修改成 180°，这样这个实体只旋转了 1/3 个圆，如图 7-63 所示。

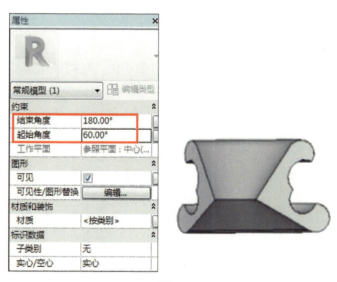

图 7-63

7.6.4 放样

"放样"是用于创建需要绘制或应用轮廓（形状）并沿路径拉伸此轮廓的族的一种建模方式，其使用方法如下。

（1）在楼层平面视图的"参照标高"工作平面上画一条参照线。通常可以选用参照线的方式来作为放样的路径，如图 7-64 所示。

图 7-64

（2）单击功能区中的"创建"选项卡>"放样"，进入放样绘制界面。用户可以使用选项卡中的"绘制路径"命令画出路径，也可以单击"拾取路径"按钮，通过选择的方式来定义放样路径。单击"拾取路径"按钮，选择刚刚绘制的参照线。单击"完成"按钮，完成路径绘制，如图 7-65 所示。

图 7-65

（3）单击选项卡中的"编辑轮廓"按钮，这时会出现"转到视图"对话框，如图 7-66 所示，选择"立面：右"，单击"打开视图"按钮，在右立面视图上绘制轮廓线，任意绘制一个封闭的六边形。

图 7-66

（4）单击"完成"按钮，完成轮廓绘制，如图 7-67 所示，并退出"编辑轮廓"模式。

（5）单击"修改|放样"选项卡中的"完成"按钮，完成放样建模，如图 7-68 所示。

第 7 章 族功能介绍及实例讲解

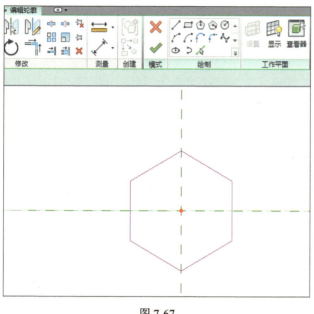

图 7-67　　　　　　　　　　　　　　图 7-68

7.6.5 放样融合

使用"放样融合"命令，可以创建具有两个不同轮廓的融合体，然后沿路径对其进行放样。它的使用方法和放样大体一样，只是要选择两个轮廓面。如果在放样融合时选择轮廓族作为放样轮廓，这时选择已经创建好的放样融合实体，打开"属性"对话框，通过更改"轮廓 1"和"轮廓 2"中间的"水平轮廓偏移"和"垂直轮廓偏移"来调整轮廓和放样中心线的偏移量，可实现"偏心放样融合"的效果，如图 7-69 所示。如果直接在族中绘制轮廓，则不能应用此功能。

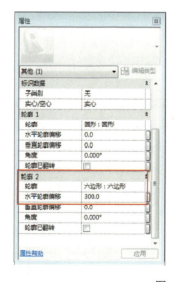 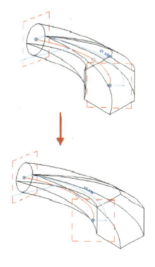

图 7-69

7.6.6 空心模型

空心模型创建的方法有如下两种。

第一种：单击功能区中的"创建"选项卡>"空心形状"，如图 7-70 所示，在其下拉列表中选择命令，各命令的使用方法和对应的实体模型各命令的使用方法基本相同。

第二种：实体和空心相互交换。选中实体，在"属性"对话框中将"实心"转变成"空心"，如图 7-71 所示。

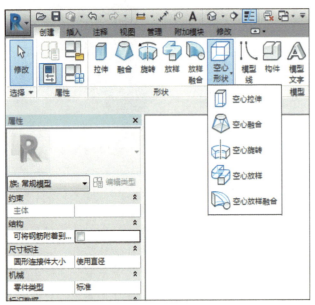

图 7-70

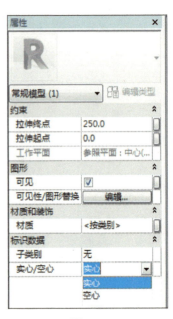

图 7-71

7.7 三维模型的修改

7.7.1 布尔运算

与其他常见的建模软件一样，Revit MEP 的布尔运算方式主要有"连接"和"剪切"两种。可在功能区的"修改"选项卡中找到相关的命令，如图 7-72 所示。

图 7-72

1. 连接

利用"连接"命令可以将多个实体模型连接成一个实体模型，实现"布尔加"，并且连接处产生实体相交的相贯线。选择"连接"下拉列表中的"取消连接几何图形"，如图 7-73 所示，可以将已经连接的实体模型返回到未连接的状态。

图 7-73

2. 剪切

利用"剪切"命令可以将实体模型减去空心模型形成"镂空"的效果，实现"布尔减"。选择"剪切"下拉列表中的"取消剪切几何图形"，如图 7-74 所示，可以将已经剪切的实体模型返回到未剪切的状态。

图 7-74

7.7.2 对齐/修剪/延伸/拆分/偏移

Revit MEP 提供了一些图形修剪的功能，大多数命令都在"修改"选项卡中，如图 7-75 所示。

图 7-75

1. 对齐

"对齐"是常用的命令，使用该命令可以将两个物体紧贴并一起联动。当单击"对齐"按钮后，先选择要对齐的线或点参照，然后再选择要对齐的实体面，后选的面会靠拢到先选的点或参照上，实现对齐。对齐命令结束时，在两物体对齐处出现一个"开锁"图标。单击这个"开锁"图标，就会变成"上锁"图标，这表明两个物体是相关联的，可以一起联动，如图 7-76 所示。

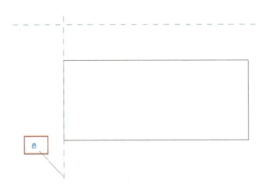

图 7-76

2. 修剪/延伸

"修改"选项卡中有 3 个与"修剪/延伸"相关的按钮，如图 7-77 所示。从左至右分别代表：修剪或延伸图元；沿一个图元定义的编辑修剪或延伸多个图元。对于后两个按钮，应先选择用作边界的参照，再选择要修剪或延伸的图元。Revit MEP 的"修剪/延伸"命令集修剪和延伸于一体，既能实现修剪，又可用作延伸。

图 7-77

3. 拆分

单击"修改"选项卡中的"拆分图元"按钮，选择要拆分的物体，将物体分成两段。

4. 偏移

单击"修改"选项卡中的"偏移"按钮，输入偏移量或选择偏移方式，以及是否保留原始物体，然后在要偏移的对象附近通过单击方位来控制偏移的方向。

7.7.3 移动/旋转/复制/镜像/阵列

Revit MEP 的"移动"、"旋转"、"复制"等命令，和其他绘图软件的基本命令一样。除"阵列"命令比较难掌握外，其他命令大同小异。这些命令也都在"修改"选项卡中。

1．移动

选择要移动的对象，单击"修改"选项卡中的"移动"按钮，选择移动的起点，再选择移动的终点或直接输入移动的距离。

2．旋转

选择要旋转的对象，单击"修改"选项卡中的"旋转"按钮，拖动旋转的中心点，定义旋转的中心点，如图 7-78 所示，选择旋转的起始线，再选择旋转的结束线或在选项栏中直接输入角度。

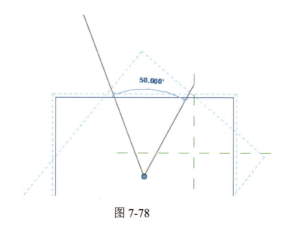

图 7-78

3．复制

选择要复制的对象，单击"修改"选项卡中的"复制"按钮，选择移动的起点，再选择移动的终点或直接输入移动的距离。在选项栏中勾选"约束"复选框，该对象会以正交的形式，上、下、左、右平行移动，勾选"多个"复选框，可以多次重复，否则复制一次之后，该命令结束，如图 7-79 所示。

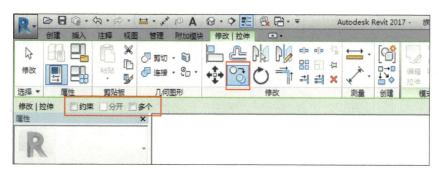

图 7-79

4. 镜像

"修改"选项卡中有两个与"镜像"相关的按钮，如图 7-80 所示。从左至右分别代表：镜像-拾取轴，先选择现有的线或边作为镜像轴，来反转选定图元的位置；镜像-绘制轴，绘制一条临时线，用作镜像轴，再反转选定图元的位置。选项栏中的"复制"复选框默认是勾选的，如果不勾选"复制"复选框，则镜像后原物体不会保留。

图 7-80

5. 阵列

"阵列"是 Revit MEP 中比较难掌握的命令，下面详细说明其使用方法和技巧。

1）矩形阵列

选择要阵列的对象，单击"修改"选项卡中的"阵列"按钮，选择"矩形阵列"，在"项目数"文本框中输入"4"，在"移动到"选项区域中选中"第二个"单选按钮，如图 7-81 所示。

图 7-81

然后选择阵列的起点，再选择阵列的终点，这样就完成了将原物体矩形阵列 4 个，且每个物体之间的间距就是刚刚所选择阵列起点和阵列终点的距离。如图 7-82 所示，勾选"成组并关联"复选框，这样阵列出的各个实体是以组存在的，编辑其中任意一个实体，其他实体也随之更新；如果不勾选该复选框，则阵列后各个实体之间相互脱离，没有任何关系，也不能进行一些参数的运算。

以这种方式进行的阵列，可以第一个和第二个物体的距离来控制整条阵列。一定要同时锁住阵列后的第一个和第二个物体，才能通过长度参数来控制阵列的间距，如图 7-83 所示。

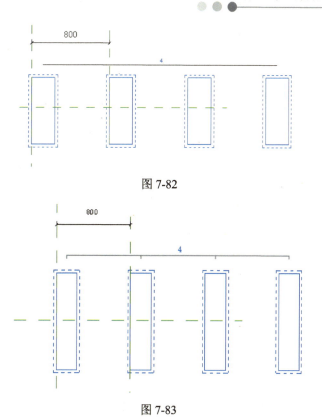

图 7-82

图 7-83

接下来还需要设置参数,使阵列的总长度和阵列的数量关联。单击功能区中的"创建"选项卡>"族类型",打开"族类型"对话框。单击"添加"按钮,新建一个长度型的参数"长度"和一个整数型的参数"数量",并且在"数量"参数的公式中输入"= 长度/1200mm",如图 7-84 所示。

【注意】 添加公式时,符号、字母及数字必须在英文状态下输入。

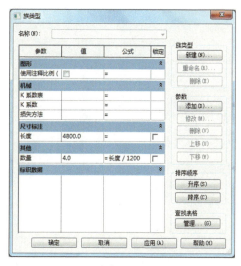

图 7-84

选择刚刚阵列的任何一个实体，在其上方将出现一个数量的参数，然后把这个参数和刚才创建的"数量"参数相关联，如图7-85所示。

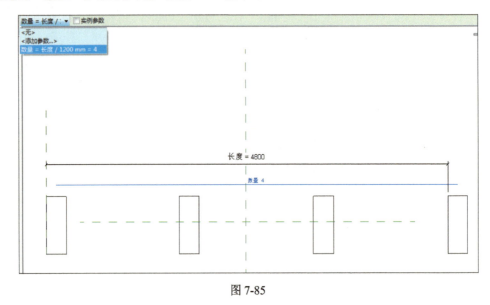

图7-85

打开"族类型"对话框，将"长度"参数的数值改为6 000，由于数量＝长度/1200mm，所以这时数量等于5，由于刚刚锁住了第一个和最后一个阵列的实体，所以阵列总长度变成6 000，实体数量变成5个，如图7-86所示。

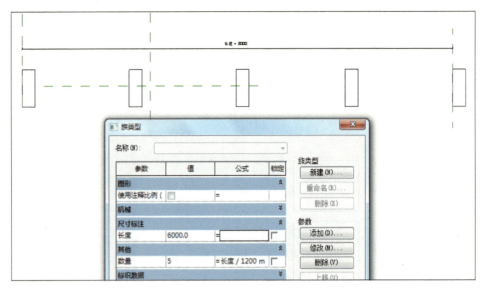

图7-86

2）环形阵列

选择要阵列的对象，单击"修改"选项卡中的"阵列"按钮，选择"环形阵列"，在"项目数"文本框中输入"8"，将阵列中心拖到两个参照平面的交点（这个操作和拖动旋转中心点一样），然后选择旋转起始边，再选择阵列的结束边或在选项栏的"角度"文本框中输入"360"，如图 7-87 所示。这样就完成了将原物体环形阵列 8 个，其环形阵列的度数就是 360°。

图 7-87

可以用参数控制环形阵列的角度、数量和阵列半径，下面以"用参数控制阵列的半径"为例来说明。选择环形阵列的实体，然后选择阵列数量的参数圈，如图 7-88 所示。

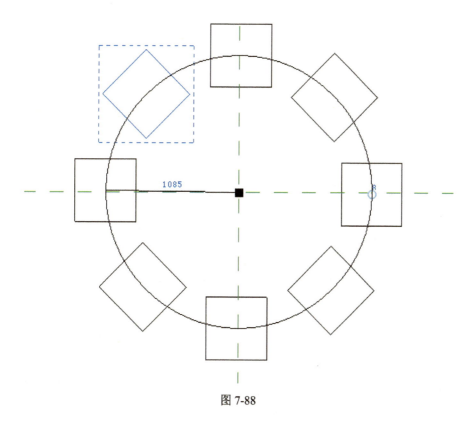

图 7-88

单击下方的尺寸标注符号，如图 7-89 所示，将临时尺寸变成永久尺寸标注。

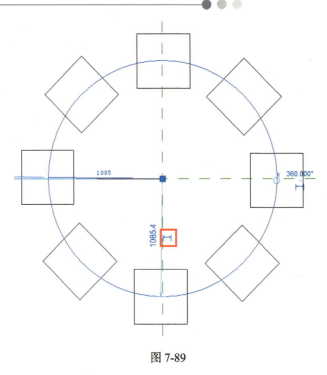

图 7-89

这样即可通过"长"参数来控制环形阵列的阵列半径，如图 7-90 所示。

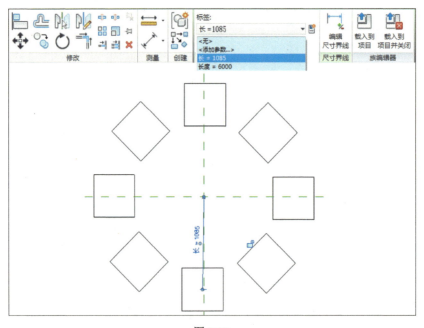

图 7-90

Revit MEP 的阵列命令比较复杂，读者需要多实践，才能更好地掌握其用法。有时为了约束，需要利用嵌套族来建立阵列的目标实体。需要注意的是，在项目中使用很多带"阵列"的族，可能会影响软件的运行速度，在创建族时应考虑这一因素。

7.8 族的嵌套

可以在族中载入其他族，被载入的族称为嵌套族。将现有的族嵌套在其他族中，可以节约模型的时间。下面以一个实例说明如何使用嵌套族及如何关联主体族和嵌套族的参数信息。

（1）用"公制常规模型.rft"族样板创建一个长方体。在"族类型"对话框中新建一个族类型"类型 1"，添加类型参数"长"和实例参数"宽"，分别以长方体的长和宽进行标签，如图 7-91 所示。

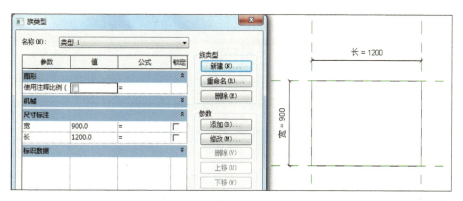

图 7-91

（2）将这个族保存为"嵌套族 1.rfa"。

（3）用"公制常规模型.rft"族样板创建另一族，保存为"父族.rfa"。

（4）打开"嵌套族 1.rfa"文件，单击"修改"选项卡中的"载入到项目"按钮，如图 7-92 所示，将"嵌套族 1.rfa"载入到"父族.rfa"中。

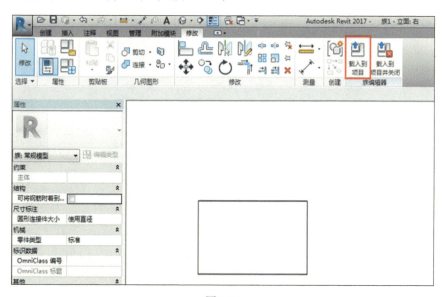

图 7-92

（5）在"父族.rfa"的项目浏览器中出现一个族名为"嵌套族1"，类型名为"类型1"的嵌套族。单击"类型1"，然后拖到绘图区域，如图7-93所示。

图7-93

（6）在"父族.rfa"的"族类型"对话框中，添加实例参数"父族宽"和类型参数"父族长"，分别输入"200"和"100"作为参数值，如图7-94所示。

图7-94

（7）在项目浏览器中双击"类型1"，打开"类型属性"对话框，如图7-95所示。此时只能看到参数"长"，因为这个参数是"类型"参数，参数"宽"不可见，因为参数"宽"是"实例"参数。单击参数"长"最右边的"关联族参数"按钮，打开"关联族参数"对话框，选择"父族长"参数，这样即可用"父族.rfa"中的"父族长"参数去驱动"嵌套族1.rfa"中的"长"参数。

第 7 章 族功能介绍及实例讲解

图 7-95

（8）单击绘图区域中的长方体，在"属性"对话框中只能看到实例参数"宽"，而看不到类型参数"长"，如图 7-96 所示。单击参数"宽"最右边的"关联族参数"按钮，打开"关联族参数"对话框，选择"父族宽"参数，这样即可用"父族.rfa"中的"父族宽"参数去驱动"嵌套族 1.rfa"中的"宽"参数。

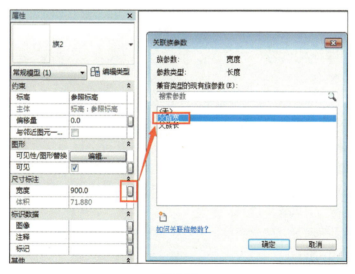

图 7-96

创建嵌套族时，在"族类别和族参数"对话框中的"共享"选项的意义在于，如果勾选了"共享"，主体族嵌套共享的嵌套族，则主体族载入到项目中，每个嵌套族可以在项目中分别被标记和录入明细表。反之，主体族嵌套非共享的嵌套族，则主体族将在项目内用作单个族，并且它作为单个族录入明细表中。这里需要提醒的是，共享的嵌套族中只有实例参数才能和父一级的参数关联，类型参数不能关联。在主体族中如果修改嵌套族，则必须重新载入主体族中。

7.9 二维族的修改和创建

Revit MEP 除三维的构件族外，还有一些二维的构件族。这些构件族可以单独使用，也可以作为嵌套族在三维的构件族中使用。轮廓族、详图构件族、注释族是 Revit MEP 中常用的二维族，它们有各自的创建样板。这些族只能在"楼层平面"视图的"参照标高"工作平面中绘制，它们主要用于辅助建模和控制显示。

轮廓族用于绘制轮廓截面，在放样、放样融合等建模时作为放样界面使用。用轮廓族辅助建模，可以使建模更加简单，用户可以通过替换轮廓族随时改变实体的形状。详图构件族和注释族主要用于绘制详图和注释，在项目环境中，它们主要用于平面俯视图的显示控制，不同的是详图构件不会随视图比例的变化而改变大小，注释族会随视图比例的变化自动缩放显示，详图构件族可以附着在任何一个平面上，但是注释族只能附着在"楼层平面"视图的"参照标高"工作平面上。

7.9.1 轮廓族

创建轮廓族时所绘制的是二维封闭图形。该图形可以载入到相关的族或项目中进行建模或其他应用。需要注意的是，只有"放样"和"放样融合"才能用轮廓族辅助建模，其应用实例上文中有介绍。

7.9.2 注释族和详图构件族

1. 注释族

注释族时用来表示二维注释的族文件，被广泛运用于很多构件的二维视图表现。下面以一个实例来说明注释族的应用。

1）注释族创建实例

用"常规注释.rft"族样板创建一个注释族，在"族类别和族参数"对话框中选择"风管标记"族类别，保存为"风管宽度.rfa"。

分别添加一条水平和垂直的参照线，并且在族样板中的参照平面标注尺寸，长为"25"，宽为"10"，如图 7-97 所示。

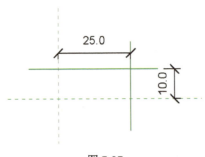

图 7-97

单击功能区中的"创建"选项卡>"直线",画一个矩形,分别和两个参照平面及两条参照线对齐锁住,如图 7-98 所示。

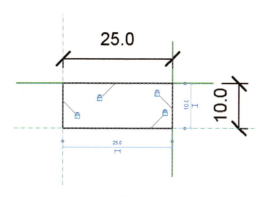

图 7-98

单击功能区中的"创建"选项卡>"标签",如图 7-99 所示。单击刚刚绘制的矩形的中间区域,打开"编辑标签"对话框。

图 7-99

在"类别参数"列表框中选择"宽度",然后单击 按钮,将"宽度"参数添加到"标签参数"中,再单击"确定"按钮,如图 7-100 所示。

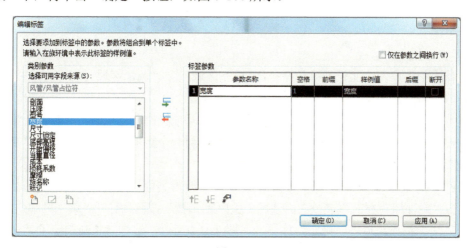

图 7-100

在绘图区域就出现了"宽度"字样,如图 7-101 所示,通过"移动"命令将"宽度"字样移动到合适的位置,并保存文件。

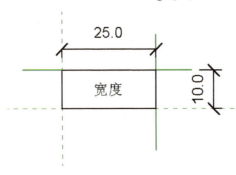

图 7-101

用"机械样板"项目样板新建一个项目文件,单击功能区中的"创建"选项卡>"风管",在绘图区域任意画一条风管。

将刚创建的"风管宽度.rfa"族载入到项目中。单击浏览器项目中的"族">"注释符号">"风管宽度"族类型,拖动到风管上,则风管的宽度将自动显示在注释中,如图 7-102 所示。

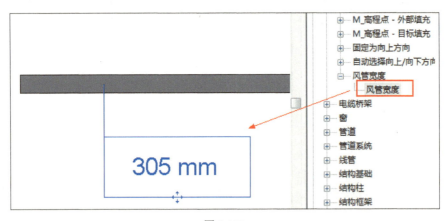

图 7-102

2)填充区域

在注释族中还有两个比较特殊的命令:"填充区域"和"遮罩区域"。首先介绍"填充区域"命令的使用方法。

用"常规注释.rft"族样板创建一个注释族。单击功能区中的"创建"选项卡>"详图">"填充区域",选择矩形绘图方式,在绘图区域任意绘制一个矩形,绘制完后单击"完成"按钮,如图 7-103 所示。

单击刚绘制的矩形,在"属性"对话框中单击"编辑类型"按钮,打开"类型属性"对话框,单击"截面填充样式"参数最右边的"关联族参数"按钮,打开"填充样式"对话框,选择"交叉线"样式,单击"确定"按钮,如图 7-104 所示,这样就重新制定了填充样式。

"填充样式"中的填充图案也可以修改。其方法是单击功能区中的"管理"选项卡>"其他设置">"填充样式",如图 7-105 所示。

第 7 章　族功能介绍及实例讲解

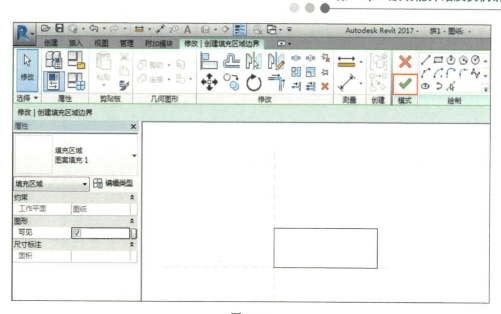

图 7-103

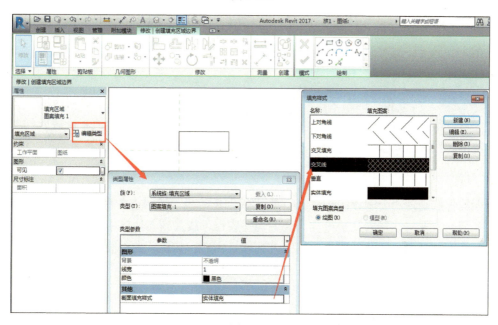

图 7-104

图 7-105

在打开的"填充样式"对话框中选择"上对角线"样式，单击"编辑"按钮，打开"修改填充图案属性"对话框，如图 7-106 所示，可以修改填充的角度、间距等属性。

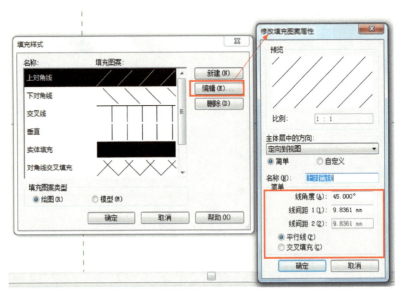

图 7-106

3) 遮罩区域

"遮罩区域"命令和"填充区域"命令的使用方法基本相同，只是"遮罩区域"命令没有填充图案。用"遮罩区域"命令绘制一个遮罩区域，当有遮罩区域的注释族载入到项目中后，在遮罩区域下面的图形不可见。"填充区域"和"遮罩区域"必须是封闭图形。

2. 详图构件族

详图构件族是用"公制详图构件.rft"族样板创建的族。详图构件族主要用来绘制详图，其特征和创建方式与注释族几乎一样。详图构件族也可载入到其他族中嵌套使用，通过可见性设置来控制其显示。但是详图构件族载入到项目中后，其显示大小固定，不会随着项目的显示比例而改变。

7.10 MEP 族连接件

在 Revit MEP 项目文件中，系统的逻辑关系和数据信息通过构件族的连接件传递，连接件作为 Revit MEP 构件族区别于其他 Revit 产品构件族的重要特性之一，也是 Revit MEP 构件族的精华所在。

7.10.1 连接件放置

Revit MEP 2017 共支持 5 种连接件：电气连接件、风管连接件、管道连接件、电缆桥架连接件和线管连接件。单击"创建"选项卡,在"连接件"面板中选择所要添加的连接件,如图 7-107 所示。

图 7-107

下面以添加风管连接件为例,具体步骤如下。

(1)单击"创建"选项卡>"风管连接件",进入"修改|放置风管连接件"选项卡。

(2)选择将连接件"放置"在"面"或"工作平面"上。通过鼠标拾取实体的一个面,将连接件附着在面的中心,如图 7-108 所示。

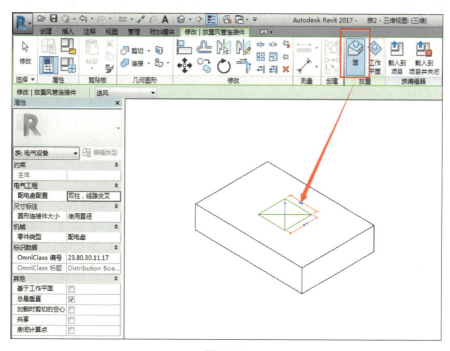

图 7-108

工作平面:将连接件附着在一个工作平面的中心,工作平面可以是通过鼠标拾取的实体的一个面,也可以是一个参照平面。

7.10.2 连接件设置

布置连接件后,通过"属性"对话框设置连接件。本节将分别介绍风管连接件、管道连接件、电气连接件、电缆桥架连接件和线管连接件的设置。

1. 风管连接件

单击绘图区域中的风管连接件，打开"属性"对话框，设置风管连接件，如图 7-109 所示。

连接件"属性"对话框各项设置含义如下。

- **系统分类**：Revit MEP 2017 风管连接件支持 6 种系统类型，分别是送风、回风、排风、其他、管件和全局。根据需求通过下拉列表为连接件指定系统。Revit MEP 2017 不支持新风系统类型，也不支持用户自定义添加新的系统分类。
- **流向**：定义流体通过连接件的方向。当流体通过连接件流进构件族时，流向为"进"；当流体通过连接件流出构件族时，流向为"出"；当流向不明确时，流向为"双向"。
- **尺寸造型**：定义连接件形状。对于风管连接件，有 3 种形状可以选择，分别是矩形、圆形和椭圆形。选择矩形或者椭圆形时，需要分别对连接件的宽度和高度进行定义；选择圆形时，需要对连接件的半径进行定义。定义连接件尺寸时，可以直接输入数值或者与"族类型"对话框中定义的尺寸参数相关联。连接件"属性"对话框中的选项，如果属性栏中的选项为黑显，代表该选项可以直接输入数值或者与"族类型"对话框中定义的相关参数相关联，如图 7-110 所示。

图 7-109

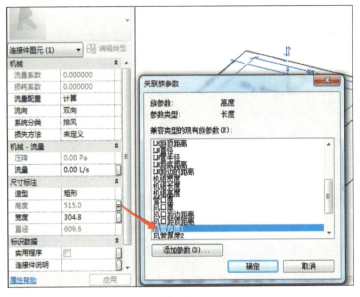

图 7-110

2. 管道连接件

单击绘图区域中的管道连接件，打开"属性"对话框，设置管道连接件，如图 7-111 所示。

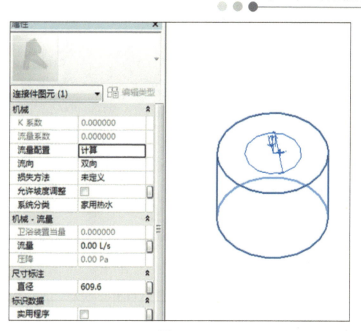

图 7-111

连接件"属性"对话框各项设置含义如下。

- 系统分类：Revit MEP 2017 管道连接件支持 13 种系统类型，分别是循环供水、循环回水、卫生设备、通气管、家用热水、家用冷水、湿式消防系统、干式消防系统、预作用消防系统、其他消防系统、其他、管件和全局。根据需求通过下拉列表为连接件指定系统，Revit MEP 2017 不支持用户自定义添加新的系统类型。
- 流向：定义流体通过连接件的方向。当流体通过连接件流进构件族时，流向为"进"。当流体通过连接件流出构件族时，流向为"出"；当流向不明确时，流向为"双向"。
- 直径：定义连接件接管尺寸。可以直接输入数值或者与"族类型"对话框中定义的尺寸参数相关联。

3. 电气连接件

Revit MEP 2017 电气连接件支持 9 种系统类型：电力-平衡、电力-不平衡、数据、电话、安全、火警、护士呼叫、控制和通信。电力-平衡和电力-不平衡主要用于配电系统。数据、电话、安全、火警、护士呼叫、通信和控制连接件主要应用于弱电系统。比如，控制连接件可用于控制开关及大型的机械设备远程控制。

1）配电系统连接件

电力-平衡和电力-不平衡连接件主要用于配电系统。这两种系统的区别在于相位 1、2、3 上的"视在负荷"是否相等，相等为电力-平衡系统，不等则为电力-不平衡系统，如图 7-112 所示。

电力-平衡和电力-不平衡连接件的"属性"对话框各项设置含义如下。

- 功率系数：又称为功率因数，负荷电压与电流间相位差的余弦值的绝对值，取值范围为 0～1，默认值为"1"。

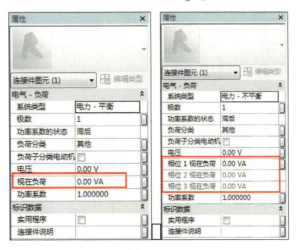

图 7-112

- 功率系数的状态：提供两种选项，分别是滞后和超前，默认值为"滞后"。
- 极数、电压和视在负荷：表征用电设备所需配电系统的级数、电压和视在负荷。
- 负荷分类和负荷子分类电动机：主要用于配电盘明细表/空间中负荷的分类和计算。

2）弱电系统连接件

数据、电话、安全、火警、护士呼叫、通信和控制连接件，主要应用于建筑弱电系统，弱点连接件的设置相对简单，只需在"属性"对话框中选择系统类型即可，如系统类型为"数据"，如图 7-113 所示。

图 7-113

4．电缆桥架连接件

电缆桥架连接件主要用于连接电缆桥架。连接件"属性"对话框如图 7-114 所示。

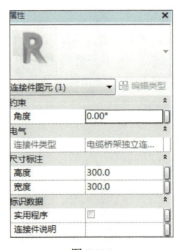

图 7-114

- 高度、宽度：定义连接件尺寸。可以直接输入数值或者与"族类型"对话框中定义的尺寸参数相关联。
- 角度：定义连接件的倾斜角度，默认值为"0.000°"，当连接件无角度倾斜时，可以不设置该项。当连接件有倾斜时，可以直接输入数值或者与"族类型"对话框中定义的角度参数相关联，如弯头等配件族。

5. 线管连接件

线管连接件分为两种类型：单个连接件和表面连接件。添加线管连接件时，首先选择添加"单个连接件"还是添加"表面连接件"，如图 7-115 所示。

图 7-115

- 单个连接件：通过连接件可以连接一根线管。
- 表面连接件：在连接件附着表面的任何位置连接一根或多根线管。

线管连接件"属性"对话框如图 7-116 所示，各项设置含义如下。

- 半径：定义连接件尺寸，可以直接输入数值或者与"族类型"对话框中定义的尺寸参数相关联。

图 7-116

- 角度：定义连接件的倾斜角度默认值为"0.000°"。当连接件无角度倾斜时，可以不设置该项；当连接件有倾斜时，可以直接输入数值或者与"族类型"对话框中定义的角度参数相关联，如弯头等配件族。

7.11 创建族实例

前面各节已介绍了很多创建族的知识，本节将以创建一个风管弯头为例，系统详细地说明怎样从零开始创建一个 Revit MEP 的构件族。

7.11.1 创建阀门族

创建阀门族的重点如下。

- 参照平面与参照标高的关系：尺寸标注时注意要在参照平面与参照平面上标注，不能标注到参照标高上。
- 实心旋转：使用实心旋转时需要注意在绘制完轮廓之后还需绘制轴线，才能完成阀门主体旋转。
- 管道参数的添加：单独添加管道参数，并能设定它的"规程"与"参数类型"。

1. 族样板文件的选择

单击"应用程序菜单" > "新建" > "族"，打开一个"选择样板文件"对话框，选取"公制常规模型"作为族样板文件，如图 7-117 所示。

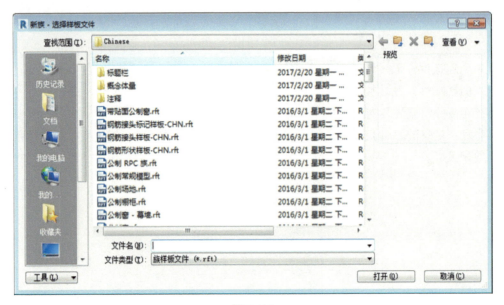

图 7-117

2. 族轮廓的绘制及参数的设置

1）锁定参照平面

从项目浏览器中进入立面的前视图，选择参照平面，使用"修改|标高"选项卡下的"锁定"命令将参照平面锁定，如图 7-118 所示，可防止参照平面出现意外移动。

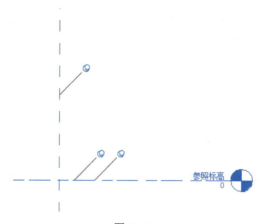

图 7-118

2）隐藏参照标高

单击"视图"选项卡>"可见性/图形"，在打开的对话框中选择"注释类别"选项卡，取消勾选"标高"复选框，如图 7-119 所示，此时，隐藏族样板文件中的参照标高。

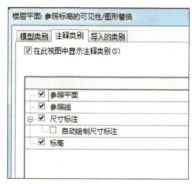

图 7-119

3）创建形状并添加参数

进入立面的前视图中，在已锁定的参照平面下再绘制一条参照平面，如图 7-120 所示。

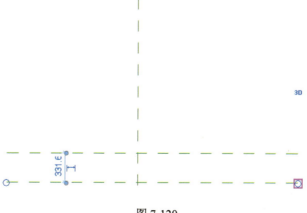

图 7-120

单击"创建"选项卡>"形状">"拉伸",进入立面左或右视图,选择" ⊙ 圆形"以两个参照平面的交点为圆心绘制轮廓。完成绘制后,单击"注释"选项卡>"尺寸标注">"径向"对圆进行尺寸标注并添加参数"R中部柱",如图7-121所示,单击"完成拉伸"按钮。进入立面的前视图,将拉伸的轮廓拖曳至合适的位置,如图7-122所示。

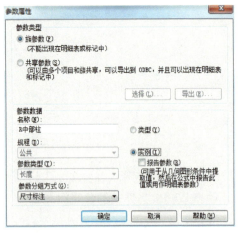

图7-121　　　　　　　　　　　　　图7-122

单击"创建"选项卡>"旋转">"边界线",选择"圆心-端点弧"与"直线"线型绘制轮廓,使用"尺寸标注"中的"径向"与"对齐"命令对轮廓进行标注,并添加实例参数"R上半弧"和"R中心部旋转",如图7-123所示。

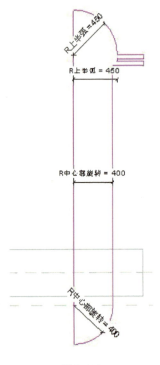

图7-123

选择下半部分的圆弧轮廓。在左侧"属性"对话框中勾选"中心标记可见"复选框，将圆弧的圆心与参照平面对齐锁定，如图7-124所示。

 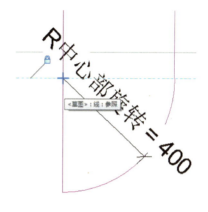

图7-124

在法兰边缘绘制一条参照平面，将参照平面与两个法兰边缘用"对齐"命令锁定形成关联，使用"尺寸标注"命令标注出阀门的中心参照平面与法兰边的距离，并对其添加实例参数"R1"，如图7-125所示。

使用"绘制"面板下的"轴线"命令绘制旋转的中轴线，如图7-126所示，之后单击"完成旋转"按钮。

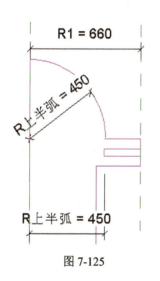 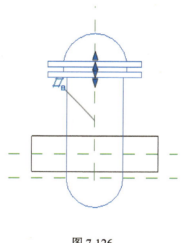

图7-125　　　　　　　　图7-126

单击"修改"选项卡>"几何图形">"连接"下拉列表>"连接几何图形"，逐个单击之前绘制的两个轮廓，连接结果如图7-127所示。

在视图控制栏将"视觉样式"改成"着色"，查看其视觉效果，如图7-128所示。

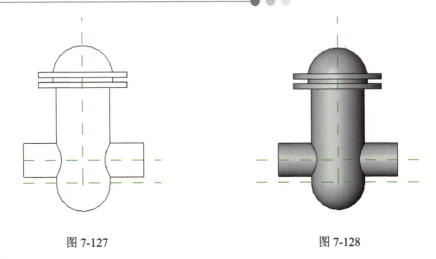

图 7-127　　　　　　　　　　　图 7-128

使用"参照平面"命令给阀门的法兰绘制参照平面,对两个参照平面进行尺寸标注并添加实例参数"法兰厚度",再用"对齐"命令将参照平面与法兰边对齐锁定,如图 7-129 所示。

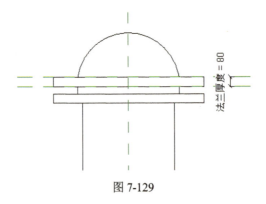

图 7-129

使用同样的方法,对下面的法兰添加参照平面并进行尺寸标注,选择标注,在选项栏的"标签"下拉列表中选择已有的参数"法兰厚度",用"对齐"命令将参照平面与法兰边对齐并锁定,再用"尺寸标注"将两个法兰间的参照平面进行标注,不用给这个标注添加参数名称,这里只是为了给两者之间定义一个距离,如图 7-130 所示。

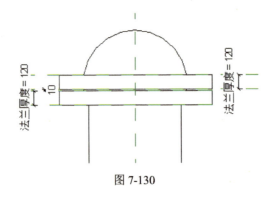

图 7-130

进入"楼层平面"的"参照标高"视图中,单击"创建"选项卡>"形状">"拉伸"绘制一个圆,使用"尺寸标注"下的"径向"命令对圆进行标注并添加一个实例参数"R 手柄中心柱",如图 7-131 所示,添加完后单击"完成拉伸"按钮。

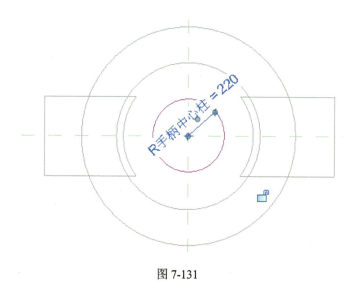

图 7-131

进入立面的前视图中,对已拉伸的图形进行定位,并将下底边与法兰边锁定形成关联,如图 7-132 所示。

进入"楼层平面"的"参照标高"视图中,单击"创建"选项卡>"形状">"拉伸"绘制一个圆,使用"尺寸标注"下的"径向"命令对圆进行标注并添加一个实例参数"R 手柄",如图 7-133 所示,添加完后单击"完成拉伸"按钮。

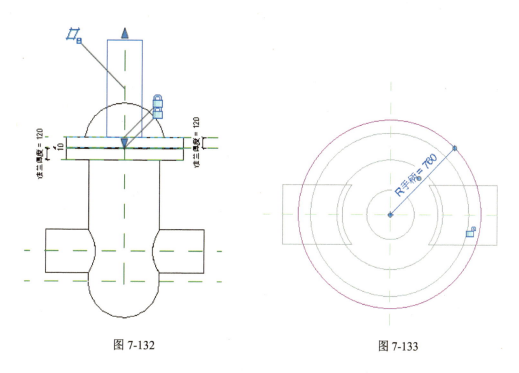

图 7-132　　　　　　　　　　图 7-133

• 227 •

进入立面的前视图中，拖曳蓝色控制柄将拉伸好的轮廓移到合适的位置，将手柄轮廓的下边缘与手柄中心柱的上边缘锁定，如图 7-134 所示。

给手柄添加两条参照平面，对两条参照平面进行尺寸标注并添加一个实例参数"t 手柄"，如图 7-135 所示。

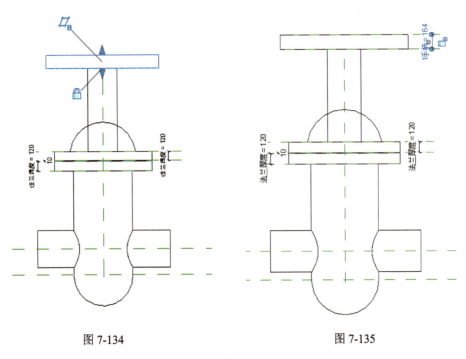

图 7-134　　　　　　　　　　　图 7-135

使用"尺寸标注"命令对手柄上边缘与参照标高上的参照平面进行尺寸标注，选择标注的尺寸，在选项栏的"标签"下拉列表中选择"添加参数"，在打开的对话框中添加一个实例参数"H"，如图 7-136 所示。

图 7-136

同样，使用"尺寸标注"命令将法兰的下边缘与参照标高上的参照平面进行尺寸标注并添加实例参数"H 中心部分"，如图 7-137 所示。

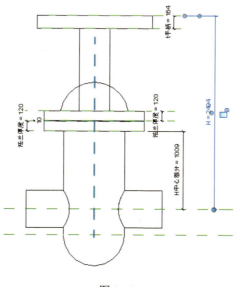

图 7-137

单击"修改"选项卡>"几何图形">"连接"下拉列表>"连接几何图形"，逐个选择手柄中心柱与之前用实心旋转绘制的轮廓，连接后的形状如图 7-138 所示。

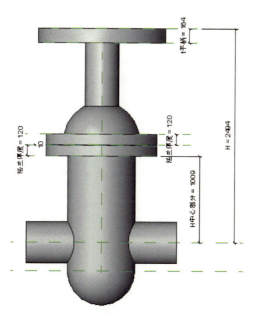

图 7-138

进入立面左视图，使用"拉伸"命令绘制轮廓，使用"尺寸标注"对轮廓进行标注并添加实例参数"FR"，选择轮廓，在"属性"对话框中勾选"中心标记可见"复选框，单击"确定"按钮。这时可以看见轮廓的圆心,再使用"对齐"命令将圆心分别与两条参照平面对齐锁定,在对齐时可以用 Tab 键在多条线中切换选择。继续绘制轮廓圆使之与"R 中心柱"大小相同,并进行尺寸标注添加实例参数"R 中部柱",选择轮廓,在"属性"对话框中勾选"中心标记可见"复选框,单击"确定"按钮,用同样的方法将轮廓的圆心与两条参照平面对齐锁定,如图 7-139 所示。

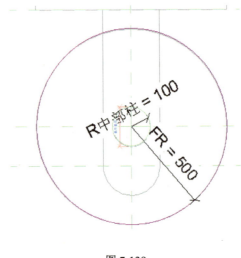

图 7-139

进入立面前视图中,将拉伸的轮廓拖曳至合适的位置,并将法兰边与管子边锁定,如图 7-140 所示。

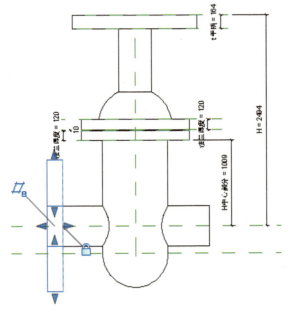

图 7-140

使用"复制"工具将左边的法兰复制到右边并锁定,如图7-141所示,其属性不变。

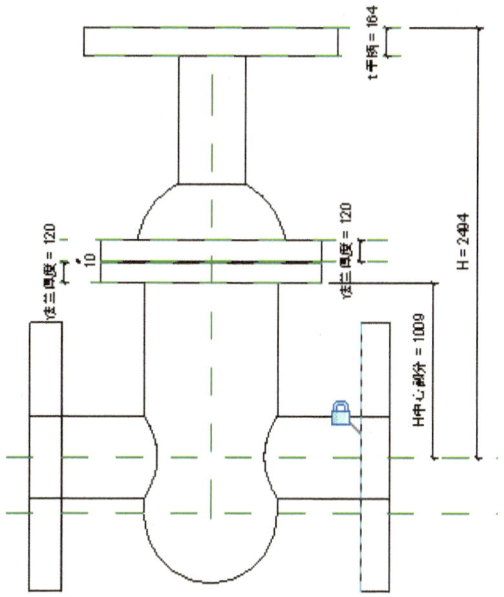

图 7-141

对两侧的法兰添加两条参照平面并进行尺寸标注,对齐锁定参照平面与法兰的外边,添加已有的实例参数"法兰厚度",如图7-142所示。

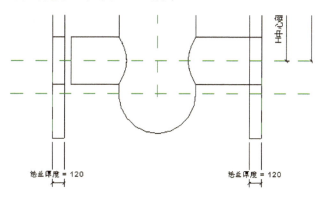

图 7-142

对两个法兰间的距离进行尺寸标注,添加实例参数"L",再对最下面的两条参照平面进行尺寸标注,添加参数"H下部",如图7-143和图7-144所示。

4)参数值的设定

单击"族属性"面板下的"族类型",在打开的"族类型"对话框中再单击"添加参数",参数"名称"为"DN",设置"规程"为"管道","参数类型"为"管道尺寸","参数分组方式"为"尺寸标注",定义值为600,再对已添加好的参数编辑公式,如图7-145所示。选择"类型"单选按钮,完成之后单击"确定"按钮。

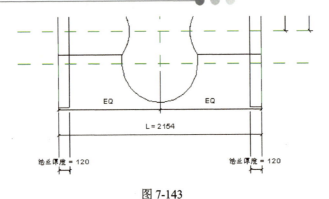

图 7-143

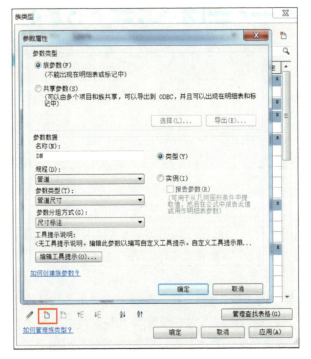

图 7-144

图 7-145

3. 添加连接件

进入三维视图中，单击“创建”选项卡>“连接件”>“管道连接件”，对阀门两侧的法兰面添加连接件，如图 7-146 所示。

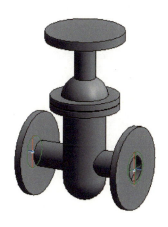

图 7-146

用同样的方法添加与管道连接件相关联的参数，名称为“MN”，设置“规程”为“公共”，“参数类型”为“长度”，“分组方式”为“尺寸标注”，再对已添加好的参数编辑公式为“2*R中部柱”，如图 7-147 所示。

参数	值	公式	锁定
机械			
损失方法		=	
K 系数表		=	
K 系数		=	
尺寸标注			
法兰厚度 (默认)	60.0	=	☐
t手柄 (默认)	72.0	=	☐
R手柄中心柱 (默认)	100.0	=	☐
R手柄 (默认)	500.0	=	☐
R中部柱 (默认)	100.0	=	☐
R中心部旋转 (默认)	150.0	=	☐
R上半弧 (默认)	250.0	=	☑
R1 (默认)	500.0	=	☐
MN (默认)	200.0 mm	= 2 * R中部柱	☐
L (默认)	1025.0	=	☐
H中心部分 (默认)	600.0	=	☐
H下部 (默认)	200.0	=	☐
H (默认)	1200.0	=	☐
FR (默认)	500.0	=	☐
DN (默认)	600.0 mm	=	☐
标识数据			

图 7-147

选择管道连接件，在“属性”对话框的“系统分类”下拉列表中选择“管件”。单击“尺寸标注”栏下“直径”栏右边的小按钮，弹出“关联族参数”对话框，选择对应的参数“MN”，设置完后单击“确定”按钮，如图 7-148 所示。

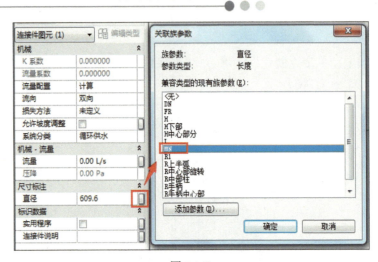

图 7-148

4. 族类型族参数的选择

单击"族属性"面板下的"类型和参数",打开"族类别和族参数"对话框,在"族类别"选项区域中选择"管路附件",在"族参数"选项区域的"零件类型"中选择"插入",如图 7-149 所示。

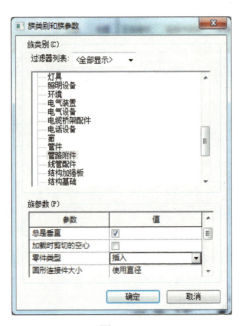

图 7-149

5. 将族载入到项目中测试

单击"创建"选项卡>"族编辑器">"载入到项目中",首先在项目中绘制一根管道,再单击"创建"选项卡>"卫浴和管道">"管路附件",选择刚刚载入的族,将其添加到项目中,如果阀门大小随着管道的尺寸变化,表明族基本没问题。为了进一步确认可以再绘制另一根尺寸不同的管道，添加阀门可见其尺寸跟随管径的变化而变化，这时就能确认族可以在项目中使用，如图 7-150 所示。

图 7-150

7.11.2 创建防火阀族

创建防火阀族的重点如下。
- 参照平面与参照标高的关系：尺寸标注时注意要在参照平面与参照平面上标注，不能标注到参照标高上。
- 锁定关系：防火阀的法兰边要与防火阀的主体边锁定。

1. 族样板文件的选择

单击"应用程序菜单" ![R] >"新建">"族"，打开一个"选择样板文件"对话框，选取"公制常规模型"作为族样板文件，如图 7-151 所示。

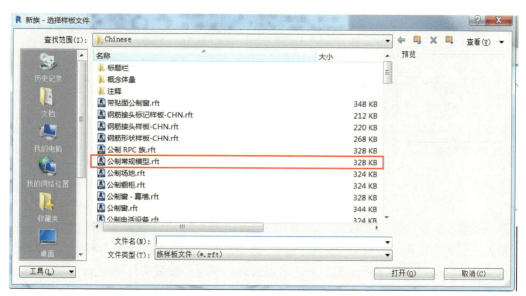

图 7-151

2. 族轮廓的绘制及参数的设置

1）锁定参照标高

从项目浏览器中进入立面的前视图，选择参照平面，单击"修改|标高"选项卡>"锁定"，将参照平面锁定，如图 7-152 所示，可防止参照平面出现意外移动。

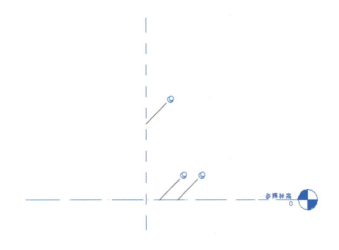

图 7-152

2）隐藏参照标高

单击"视图"选项卡>"可见性和外观"，在打开的对话框中选择"注释类别"选项卡，取消勾选"标高"复选框，如图 7-153 所示，这样就能隐藏族样板文件中的参照标高，方便之后做族。

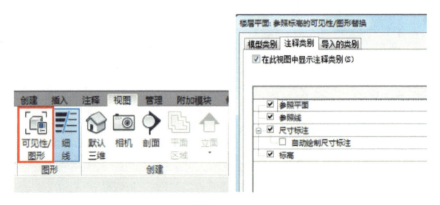

图 7-153

3）绘制轮廓

进入立面的左视图中，单击"创建"选项卡>"形状">"拉伸"绘制矩形线框，单击"创建"选项卡>"基准">"参照平面"对轮廓添加参照平面，如图 7-154 所示。

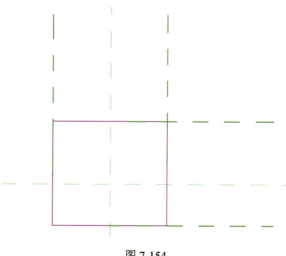

图 7-154

单击"注释"选项卡>"尺寸标注">"对齐尺寸标注",对添加好的参照平面进行尺寸标注,并用"EQ"命令平分尺寸,再用"对齐"命令将轮廓边与参照平面对齐锁定,如图 7-155 所示。

选择尺寸标注,在选项栏中的"标签"下拉列表中选择"添加参数",打开"参数属性"对话框,在"名称"文本框中输入"风管宽度",设置"参数分组方式"为"尺寸标注",如图 7-156 所示。

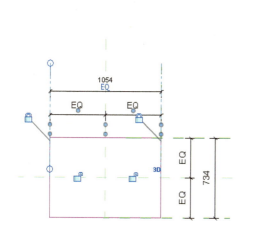

图 7-155

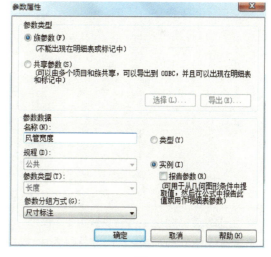

图 7-156

同理在右边的标注上添加一个实例参数"风管厚度"。单击"完成拉伸"按钮,进入立面的前视图中,将拉伸好的轮廓拖曳至合适的位置,如图 7-157 和图 7-158 所示。

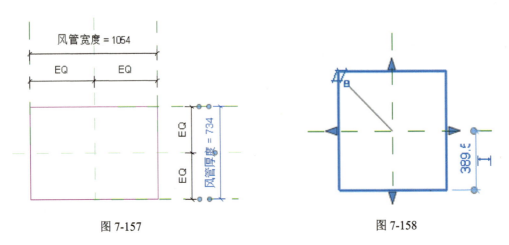

图 7-157　　　　　　　　　　　图 7-158

给轮廓的上面添加两条参照平面，使用"尺寸标注"命令对两条参照平面进行标注，接着使用"EQ"命令平分尺寸，并使用"对齐"命令将轮廓边与参照平面对齐锁定，如图 7-159 所示。

选择尺寸标注，在选项栏中的"标签"下拉列表中选择"添加参数"，打开"参数属性"对话框，在"名称"文本框中输入"L"，效果如图 7-160 所示。

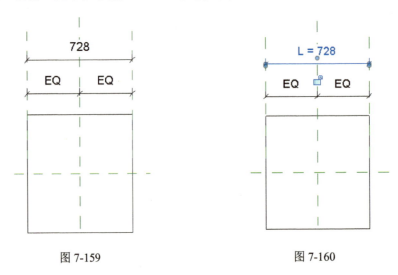

图 7-159　　　　　　　　　　　图 7-160

单击"创建"选项卡>"形状">"拉伸"绘制矩形线框，如图 7-161 所示。

单击"详图"选项卡>"尺寸标注">"对齐"，对轮廓进行尺寸标注，并使用"EQ"命令平分尺寸，如图 7-162 所示。

选择尺寸标注，在选项栏中的"标签"下拉列表中选择"添加参数"，打开"参数属性"对话框，在"名称"文本框中输入"W"，如图 7-163 和图 7-164 所示。

同理，在右边的标注上添加一个实例参数"H"，单击"完成拉伸"按钮。进入"楼层平面"中的"参照标高"视图，将拉伸的轮廓拖曳至合适的位置，如图 7-165 和图 7-166 所示。

第 7 章　族功能介绍及实例讲解

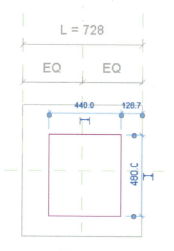

图 7-161

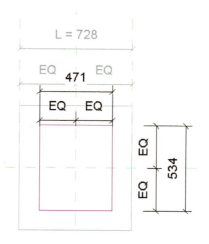

图 7-162

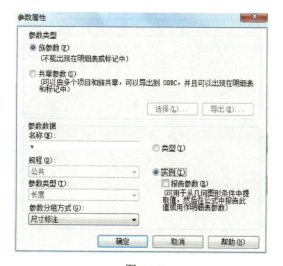

图 7-163

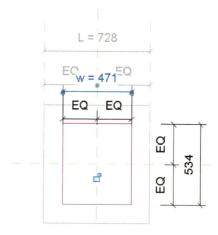

图 7-164

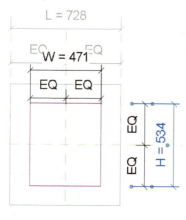

图 7-165

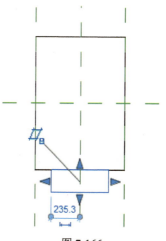

图 7-166

给这个轮廓添加两个参照平面，使用“对齐”命令将两个轮廓相连的边分别与一个参照平面对齐锁定，如图 7-167 所示。

使用“尺寸标注”命令对刚对齐的参照平面与参照标高上的参照平面进行尺寸标注，选择尺寸，在选项栏的“标签”下拉列表中选择“添加参数”，打开“参数属性”对话框，在“名称”文本框中输入“L1”，设置“参数分组方式”为“其他”，选择“实例”单选按钮，单击“确定”按钮，如图 7-168 所示。

图 7-167

图 7-168

单击“族属性”面板下的“类型”，打开“族类型”对话框，在刚刚添加的实例参数“L1”后的公式中填写“风管宽度/2”，如图 7-169 所示。

尺寸标注			
风管宽度 (	1055.0	=	
风管厚度 (	779.0	=	
W (默认)	470.6	=	
L (默认)	728.0	=	
H (默认)	534.1	=	
其他			
L1 (默认)	527.5	= 风管宽度 / 2	
标识数据			
注释记号		=	
型号		=	
制造商		=	
类型注释		=	
URL		=	
说明		=	

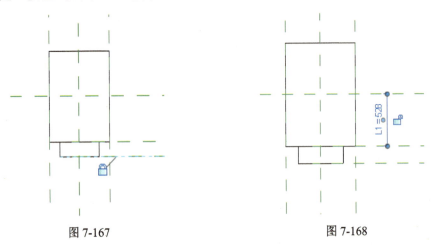

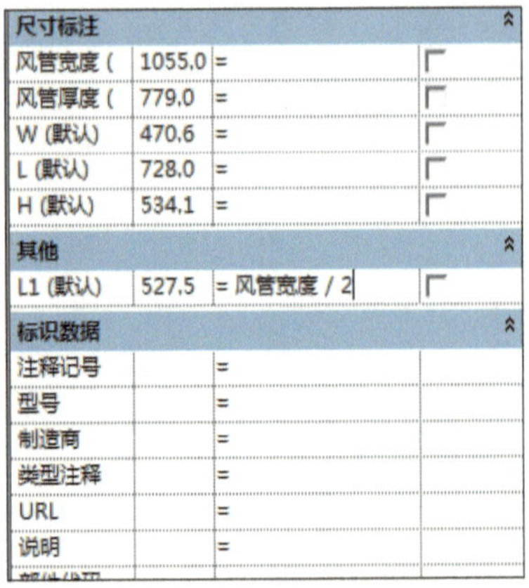

图 7-169

使用“尺寸标注”命令对另两条参照平面进行尺寸标注，并对标注后的尺寸添加参数，再使用“对齐”命令将最下面的参照平面与轮廓边对齐锁定，如图 7-170 和图 7-171 所示。

进入立面视图中的左视图，单击“创建”选项卡>“形状”>“拉伸”，绘制图中的轮廓，如图 7-172 所示。

单击“注释”选项卡>“尺寸标注”下拉列表>“对齐尺寸标注”，对轮廓进行尺寸标注，并用“EQ”命令平分标注，如图 7-173 所示。

第 7 章 族功能介绍及实例讲解

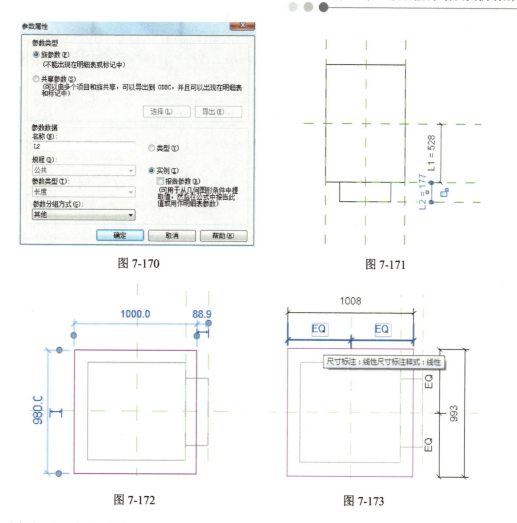

图 7-170　　　　　　　　　　　图 7-171

图 7-172　　　　　　　　　　　图 7-173

选择标注，在选项栏的"标签"下拉列表中选择"添加参数"，在打开的对话框中添加参数"法兰宽度"，如图 7-174 和图 7-175 所示。

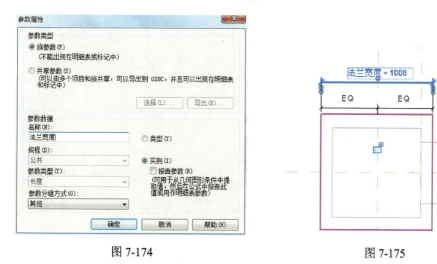

图 7-174　　　　　　　　　　　图 7-175

同理，在右边的标注上添加一个参数"法兰高度"，单击"完成拉伸"按钮。进入立面的前视图中，将拉伸轮廓拖曳至合适的位置，并将法兰边与风管边锁定，如图7-176和图7-177所示。

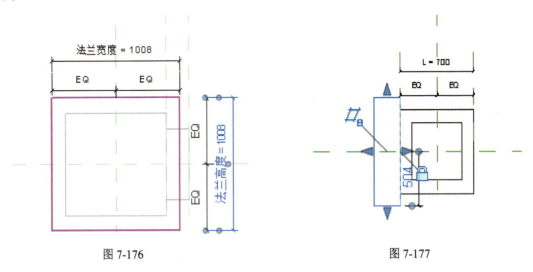

图7-176　　　　　　　　　　　　　图7-177

使用"尺寸标注"命令对法兰进行标注，如图7-178所示。

选择标注，在选项栏的"标签"下拉列表中选择"添加参数"，添加参数"法兰厚度"，如图7-179所示。

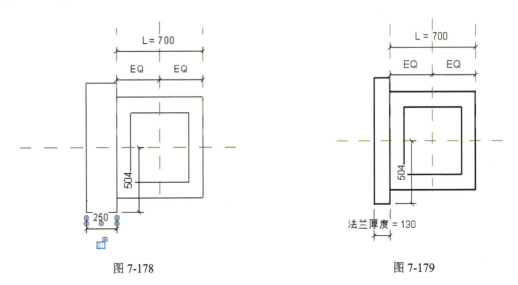

图7-178　　　　　　　　　　　　　图7-179

4）参数值的设置

单击"族属性"面板下的"类型"，打开"族类型"对话框，在"法兰高度"后的公式中编辑公式"风管厚度+150"，同理，在"法兰宽度"后的公式中编辑公式"风管宽度+150"，编辑完后单击"确定"按钮，如图7-180所示。

参数	值	公式	锁定
尺寸标注			
风管宽度 (默认)	800.0	=	
风管厚度 (默认)	779.0	=	
W (默认)	470.6	=	
L (默认)	700.0	=	
H (默认)	534.1	=	
其他			
法兰高度 (默认)	929.0	= 风管厚度 + 150 mm	
法兰宽度 (默认)	950.0	= 风管宽度 + 150	
法兰厚度 (默认)	130.0	=	
L2 (默认)	177.3	=	
L1 (默认)	400.0	= 风管宽度 / 2	
标识数据			

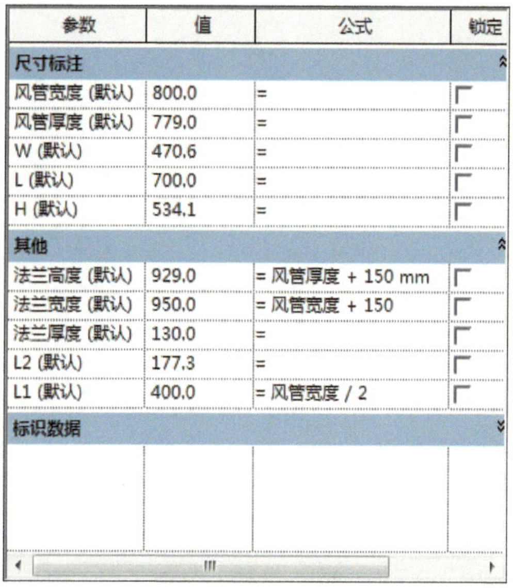

图 7-180

选择法兰，单击“修改|拉伸”选项卡>“修改”>“复制”，选取复制的移动点，在选项栏中取消勾选“约束”复选框，将法兰复制到矩形风管的右边，并将矩形风管与法兰边锁定，如图 7-181 所示。复制过去的法兰其属性保持不变。

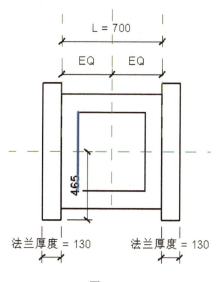

图 7-181

3. 添加连接件

进入三维视图中，单击“创建”选项卡>“连接件”>“风管连接件”，选择法兰面，如图 7-182 所示。

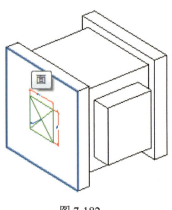

图 7-182

选择连接件,在"属性"对话框中,在"系统类型"下拉列表中选择"管件",在"尺寸标注"组中将"高度"、"宽度"与"风管厚度"、"风管宽度"关联起来。设定好连接件的高度与宽度之后,单击"确定"按钮,如图 7-183 和图 7-184 所示。

图 7-183

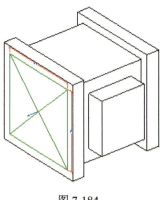

图 7-184

同理，在右边添加风管连接件，设定其高度与宽度，如图 7-185 所示。

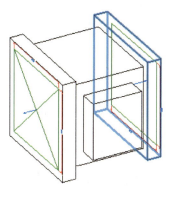

图 7-185

4. 族类型族参数的选择

单击"族属性"面板下的"类型和参数"，打开"族类别和族参数"对话框，在"族类别"中选择"风管附件"，在"族参数"中的"零件类型"下拉列表中选择"阻尼器"，然后单击"确定"按钮，如图 7-186 所示。

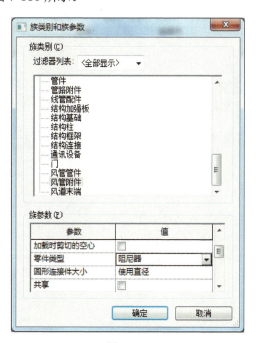

图 7-186

5. 族载入项目中进行测试

设置好之后可以将其保存为"BM_矩形防火阀"，也可以直接载入项目中进行测试，如图 7-187 所示。

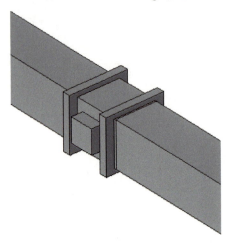

图 7-187

7.11.3 创建静压箱族

创建静压箱族的重点如下。
- 参照平面与参照标高的关系：尺寸标注时注意要在参照平面与参照平面上标注，不能标注到参照标高上。
- 实心拉伸与实心放样要用在适当的时候。

1. 族样板文件的选择

单击"应用程序菜单" > "新建" > "族"，打开一个"选择样板文件"对话框，选取"公制常规模型"作为族样板文件，如图 7-188 所示。

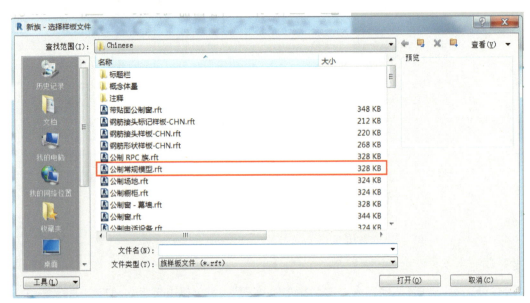

图 7-188

2. 族轮廓的绘制及参数的设置

1）锁定参照标高

从项目浏览器中进入立面的前视图，选择参照平面，单击"修改|标高"选项卡>"锁定"，将参照平面锁定，如图 7-189 所示，可防止参照平面出现意外移动。

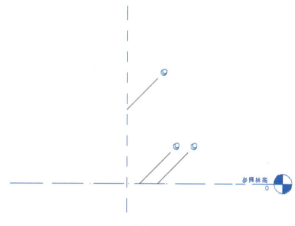

图 7-189

2）隐藏参照标高

单击"视图"选项卡>"可见性/图形"，在打开的对话框中选择"注释类别"选项卡，取消勾选"标高"复选框，如图 7-190 所示，这样就能隐藏族样板文件中的参照标高，方便之后做族。

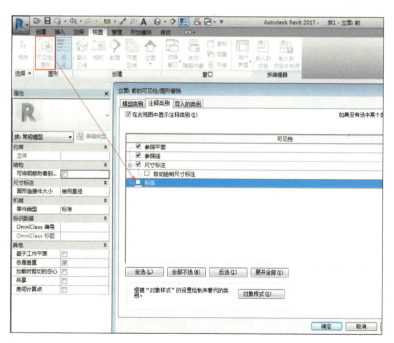

图 7-190

3）绘制轮廓

进入立面的前视图中，单击"创建"选项卡>"形状">"放样"，选择"放样"面板下的"绘制路径"，绘制 2D 路径，如图 7-191 所示。

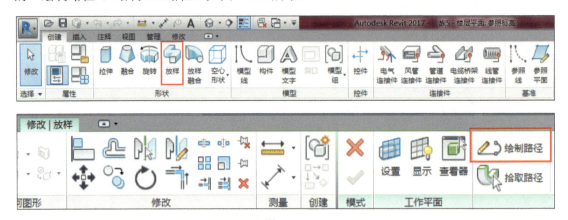

图 7-191

单击"创建"选项卡>"基准">"参照平面"，给 2D 路径绘制参照平面，如图 7-192 所示。

单击"注释"选项卡>"对齐"，对轮廓进行尺寸标注，并使用"EQ"命令平分标注，如图 7-193 所示。

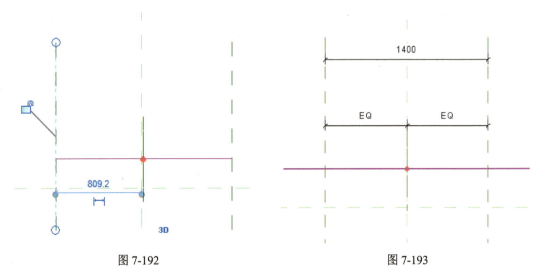

图 7-192　　　　　　　　　　　图 7-193

选择标注，在选项栏的"标签"下拉列表中选择"添加参数"。添加实例参数"静压箱长度"，添加时勾选右侧的"实例参数"复选框。使用"对齐"命令将 2D 路径的两个端点与参照平面对齐锁定，如图 7-194 所示，单击"完成路径"按钮。

【注意】在添加参数时，选择实例参数，可以方便地在实例属性中修改族。

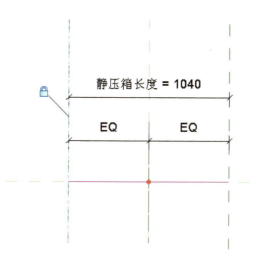

图 7-194

单击"编辑"面板下的"编辑轮廓",打开"转到视图"对话框,双击"立面:左"。选择矩形线型绘制轮廓,如图 7-195 和图 7-196 所示。

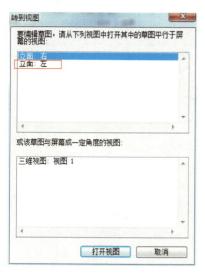

图 7-195

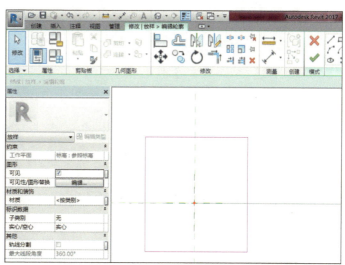

图 7-196

单击"注释"选项卡>"对齐",对轮廓进行尺寸标注,并使用"EQ"命令平分标注。选择标注,在选项栏的"标签"下拉列表中选择"添加参数",分别添加实例参数"静压箱宽度"和"静压箱高度",添加时勾选右侧的"实例参数"复选框,如图 7-197 所示。

单击"完成轮廓"、"完成放样"按钮,如图 7-198 所示。

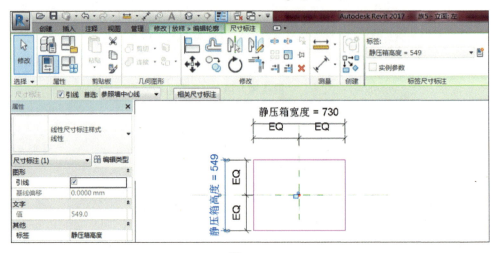

图 7-197

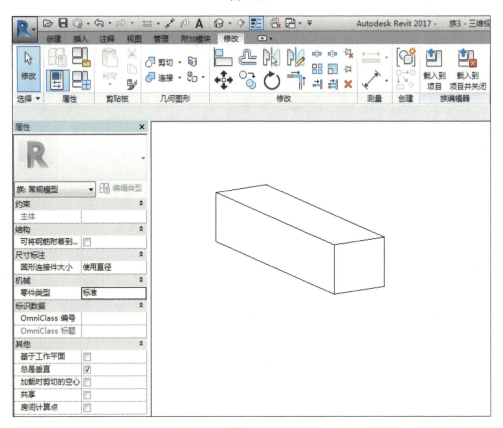

图 7-198

进入楼层平面下的参照标高视图中,单击"创建"选项卡>"形状">"拉伸",绘制矩形轮廓,如图 7-199 所示。

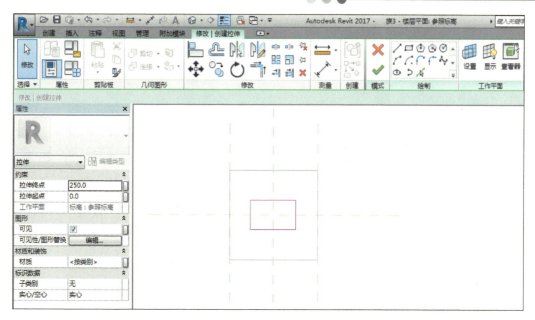

图 7-199

单击"注释"选项卡>"对齐",对轮廓进行尺寸标注,并使用"EQ"命令平分标注,如图 7-200 所示。

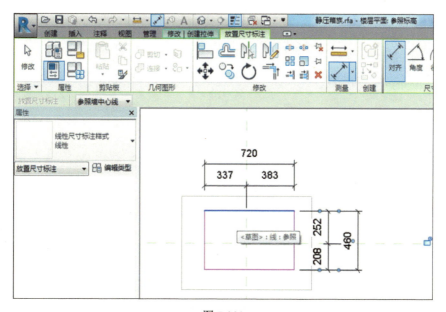

图 7-200

选择标注,在选项栏的"标签"下拉列表中选择"添加参数",添加实例参数"风管宽度 1",在右边的标注上添加一个实例参数"风管厚度 1",添加时选择右侧的"实例参数"复选框,如图 7-201 所示。

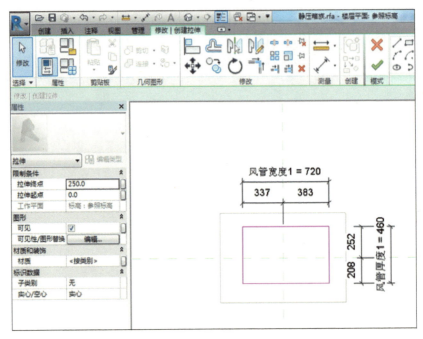

图 7-201

单击"完成拉伸"按钮,进入立面前视图中,将拉伸轮廓拖曳至适当的位置并将连接的边锁定,如图 7-202 所示。

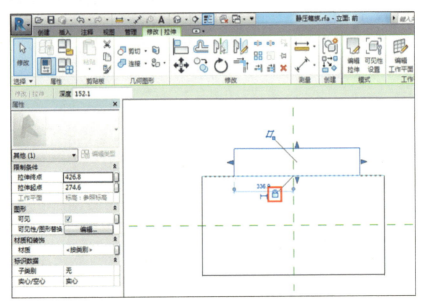

图 7-202

在风口上边缘添加参照平面并锁定,对图 7-203 所示的位置进行尺寸标注,并添加实例参数"风口厚",添加时勾选右侧的"实例参数"复选框。

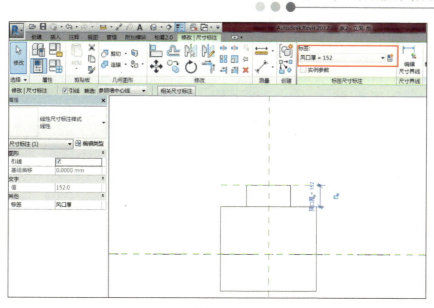

图 7-203

对风口上边缘与中心参照平面进行尺寸标注,添加实例参数"k_风管1",添加时勾选右侧的"实例参数"复选框,参数分组方式为"其他",效果如图 7-204 所示。

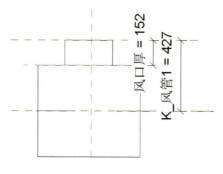

图 7-204

单击族"族属性"面板下的"族类型",打开"族类型"对话框,在"k_风管1"参数后面的公式栏中编辑公式"=静压箱高度/2 +风口厚",编辑完后单击"确定"按钮,如图 7-205 所示。

参数	值	公式	锁定
尺寸标注			
风管宽度1 (默认)	720.0	=	
风管厚度1 (默认)	460.0	=	
风口厚 (默认)	152.1	=	
静压箱高度 (默	549.3	=	
静压箱长度 (默	1040.0	=	
静压箱宽度 (默	729.9	=	
其他			
K_风管1 (默认)	426.8	= 静压箱高度/2+风口厚	
标识数据			

图 7-205

在立面前视图中单击"创建"选项卡>"形状">"拉伸",绘制矩形轮廓,如图 7-206 所示。

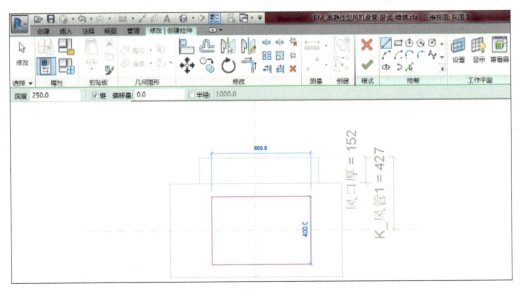

图 7-206

单击"注释"选项卡>"尺寸标注">"对齐",对轮廓进行尺寸标注,并使用"EQ"命令平分标注,如图 7-207 所示。

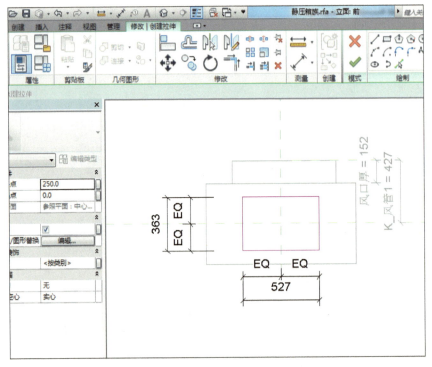

图 7-207

选择标注，在选项栏的"标签"下拉列表中选择"添加参数"，添加实例参数"风管宽度2"和"风管厚度2"，添加时勾选右侧的"实例参数"复选框，如图7-208所示。

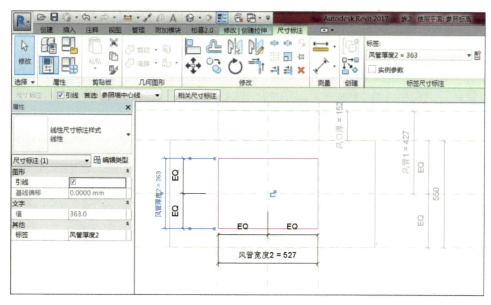

图 7-208

进入楼层平面下的参照标高视图中，将拉伸轮廓拖曳至适当位置并将连接的边锁定，如图7-209所示。

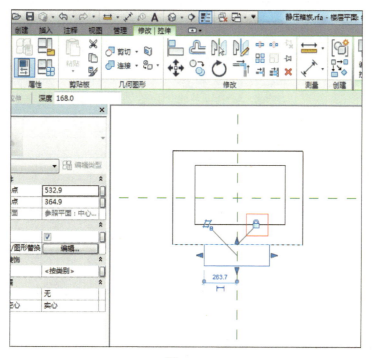

图 7-209

在风口上边缘添加参照平面,将两个边分别与参照平面对齐锁定。对图中所示位置进行尺寸标注,并添加实例参数"k_风管2",参数分组为"其他",如图7-210所示。

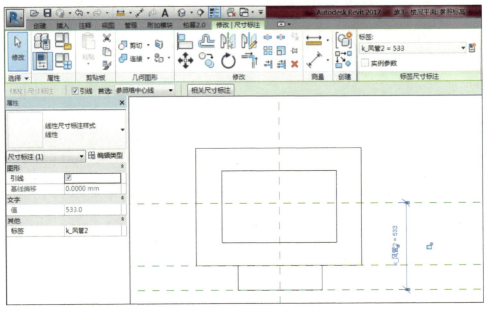

图7-210

单击"族属性"面板下的"类型",对参数"k_风管2"编辑公式"=静压箱宽度/2",绘制一条参照平面,并使用"尺寸标注"命令对其进行标注,添加已有的实例参数"风口厚",使用"对齐"命令将风口下边缘与参照平面对齐锁定,如图7-211所示。

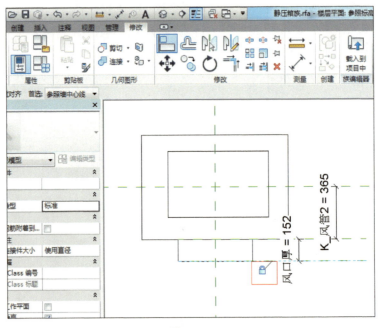

图7-211

进入立面左视图,单击"创建"选项卡>"形状">"拉伸",绘制矩形轮廓,如图 7-212 所示。

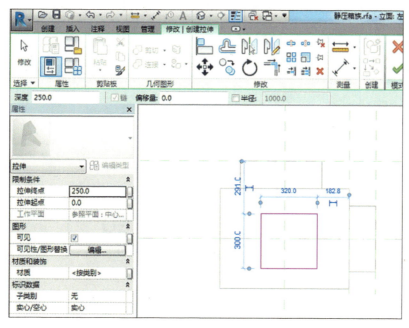

图 7-212

单击"注释"选项卡>"尺寸标注">"对齐",对轮廓进行尺寸标注,并使用"EQ"命令平分标注,如图 7-213 所示。

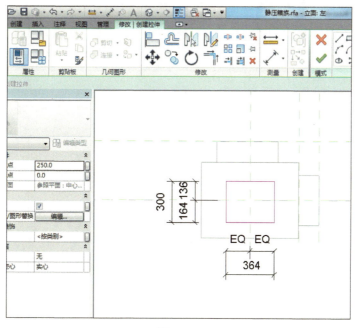

图 7-213

选择标注，分别添加实例参数"风管宽度 3"和"风管厚度 3"，如图 7-214 所示。

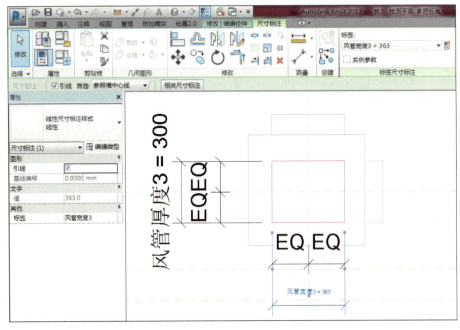

图 7-214

进入楼层平面下的参照标高视图中，将拉伸轮廓拖曳至图 7-215 所示位置并将连接的边锁定。

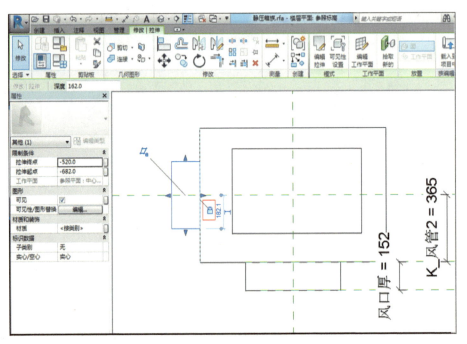

图 7-215

如图 7-216 所示绘制一条参照平面,将两条边分别与参照平面对齐锁定。对图 7-217 所示位置进行尺寸标注,并添加实例参数"k_风管 3",参数分组为"其他"。

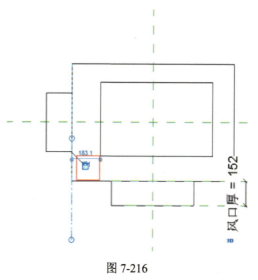

图 7-216

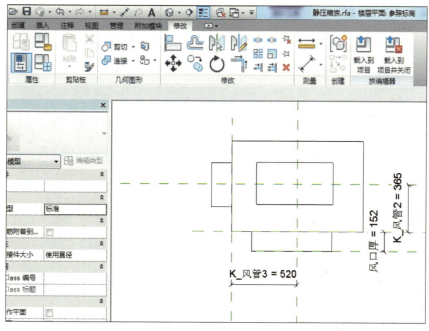

图 7-217

4)参数值的设置

单击"族属性"面板下的"类型",打开"族类型"对话框,在参数"k_风管 3"公式栏中编辑公式"=静压箱长度/2",如图 7-218 所示,编辑完后单击"确定"按钮。

图 7-218

如图 7-219 所示绘制一条参照平面,并使用"尺寸标注"命令对其进行标注,添加已有的实例参数"风口厚",使用"对齐"命令将风口下边缘与参照平面对齐锁定。

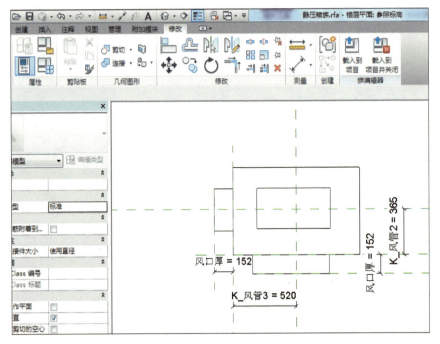

图 7-219

3. 添加连接件

进入三维视图中，单击"创建"选项卡>"连接件">"风管连接件"，选择风管面，如图 7-220 所示。

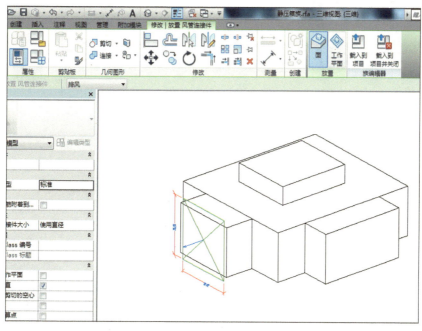

图 7-220

选择连接件，在"属性"对话框中修改其实例属性，在"系统分类"下拉列表中选择"管件"，在"尺寸标注"组中将"高度"和"宽度"与对应的"风管厚度 3"和"风管宽度 3"关联起来，如图 7-221 和图 7-222 所示。设定好连接件的高度与宽度之后，单击"确定"按钮。

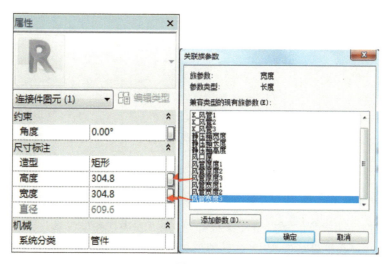

图 7-221

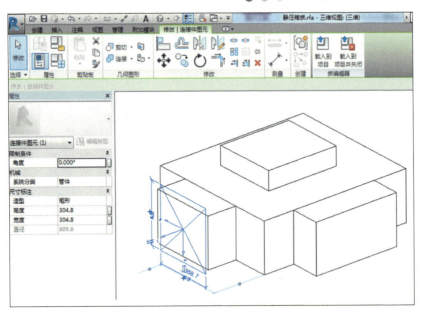

图 7-222

同理在其他两个风口处添加风管连接件,设定其高度与宽度,如图 7-223 所示。

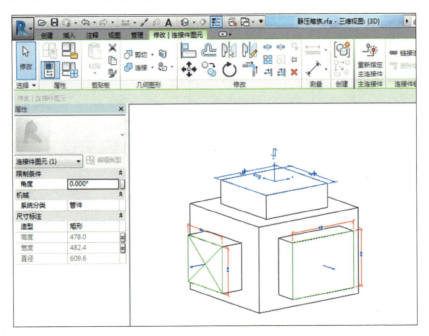

图 7-223

4. 族类型族参数的选择

单击"族属性"面板下的"类型和参数",打开"族类别和族参数"对话框,在"族类别"列表框中选择"机械设备",在"族参数"列表框中将"零件类型"设置为"标准",如图 7-224 所示,设置完后单击"确定"按钮。

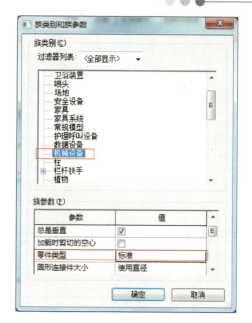

图 7-224

5. 族载入项目中进行测试

设置好之后可以将其保存,命名为"BM_静压箱(三口)",也可以直接载入项目中,如图 7-225 所示。

图 7-225

7.11.4 创建空调机族

创建空调机族的重点如下。
- 参照平面与参照标高的关系:尺寸标注时注意要在参照平面与参照平面上标注,不能标注到参照标高上。
- 各参数间的关系及公式的设定。空调风管、水管位置的确定。

1. 族样板文件的选择

单击"应用程序菜单" > "新建" > "族",打开一个"选择样板文件"对话框,选取"公制常规模型"作为族样板文件,如图 7-226 所示。

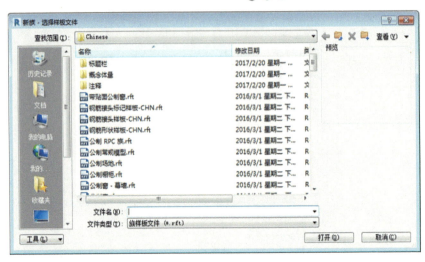

图 7-226

2. 族轮廓的绘制及参数的设置

1) 锁定参照平面

从项目浏览器中进入立面的前视图,选择参照平面,单击"修改|标高"选项卡>"锁定",将参照平面锁定,如图 7-227 所示,可防止参照平面出现意外移动。

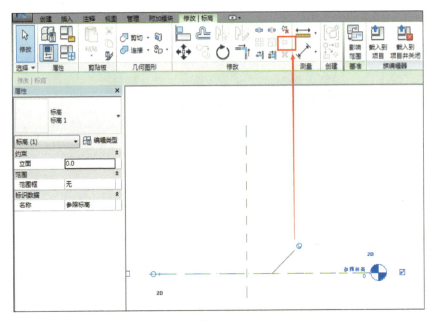

图 7-227

2) 隐藏参照标高

单击"视图"选项卡>"可见性/图形",在打开的对话框中选择"注释类别"选项卡,取消勾选"标高"复选框,如图 7-228 所示,这样就能隐藏族样板文件中的参照标高,方便之后做族。

第 7 章 族功能介绍及实例讲解

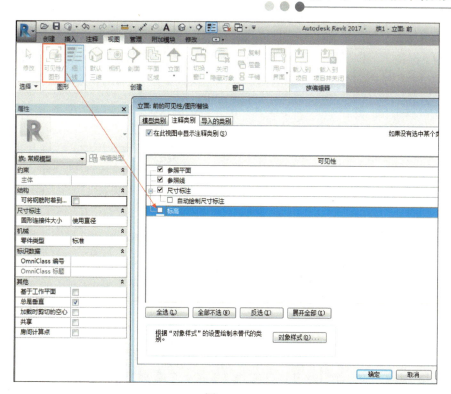

图 7-228

3）绘制轮廓及参数值的设定

进入立面的前视图，单击"创建"选项卡>"形状">"拉伸"，绘制轮廓，并锁定下轮廓与底参照平面，如图 7-229 所示。

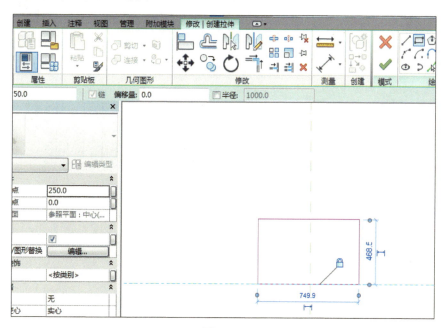

图 7-229

给轮廓添加两个参照平面,并使用"尺寸标注"命令给两个参照平面标注,选择标注,在选项栏的"标签"下拉列表中选择"添加参数",添加实例参数"机组宽度"。使用"对齐"命令将轮廓与参照平面对齐锁定,同理添加另一个实例参数"机组高度",如图 7-230 所示。

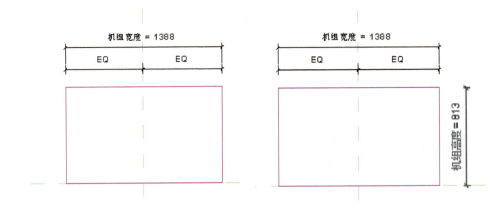

图 7-230

进入楼层平面中的参照标高视图,将拉伸的轮廓拖曳至适当的位置,然后对轮廓进行尺寸标注,使用"EQ"命令平分尺寸,并对尺寸添加一个实例参数"机组长度",如图 7-231 所示。

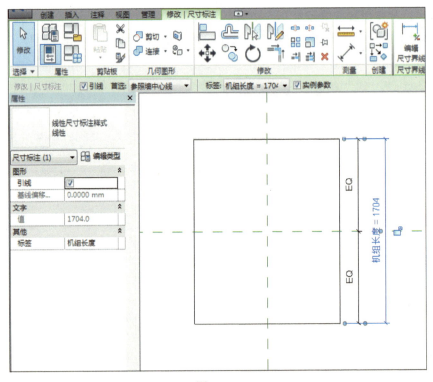

图 7-231

进入立面前视图中，使用"拉伸"命令绘制轮廓，如图 7-232 所示。

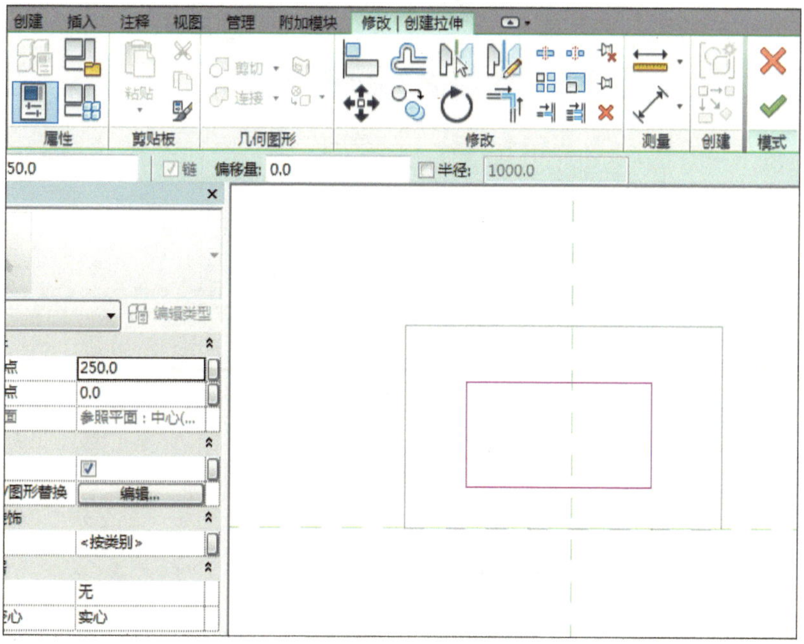

图 7-232

如图 7-233 所示绘制一个参照平面，并用尺寸标注对其进行标注，添加一个实例参数"L"。"参数分组方式"为"其他"。

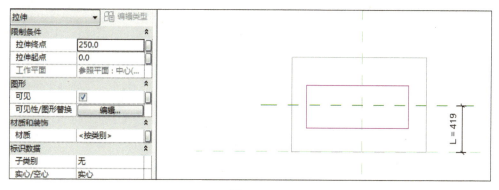

图 7-233

单击"族属性"面板下的"族类型"，打开"族类型"对话框，对参数"L"添加公式"=机组高度/2"，如图 7-234 所示。

使用"尺寸标注"命令对其轮廓进行标注，并使用"EQ"命令平分尺寸，如图 7-235 所示。

图 7-234

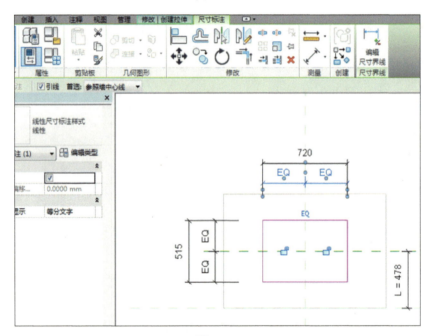

图 7-235

选择尺寸对其添加实例参数"风管宽度1"和"风管厚度1",如图 7-236 所示,完成拉伸。

第 7 章 族功能介绍及实例讲解

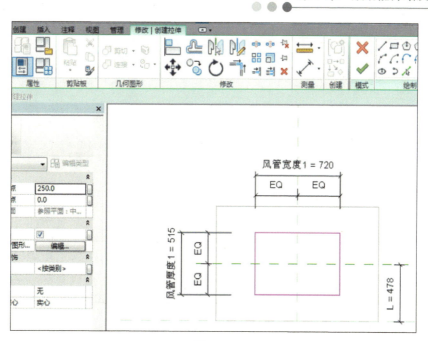

图 7-236

进入参照标高视图，将轮廓拖曳至适当的位置，并将轮廓上边缘锁定，添加参照平面进行尺寸标注，并添加实例参数"风口厚"、"L1"。单击"族属性"面板下的"族类型"，对参数"L1"添加公式"=机组长度/2+风口厚"，如图 7-237 所示，完成拉伸。

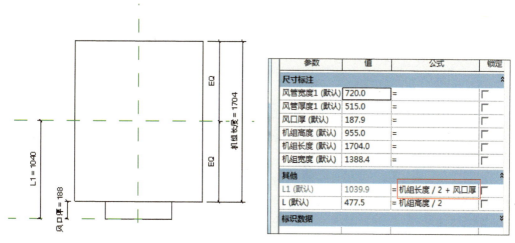

图 7-237

进入立面右视图中，使用"拉伸"命令绘制图 7-238 所示的轮廓并标注实例参数"风管宽度 2"和"风管厚度 2"。

按图 7-239 所示对其周边进行标注并添加参数"风口距顶距离"和"风口距边距离"，完成拉伸。

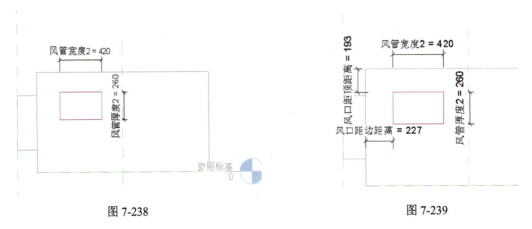

图 7-238　　　　　　　　　　　　　　　　图 7-239

进入参照标高视图，将拉伸的轮廓拖曳至适当的位置并锁定边，然后添加参照平面并锁定，对其进行尺寸标注，添加参数"L2"，在"族类型"对话框中，对参数"L2"编辑公式"=机组宽度/2+风口厚"，之后添加已有参数"风口厚"，如图 7-240 所示。

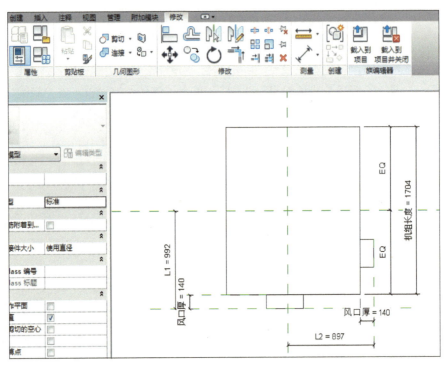

图 7-240

进入立面右视图中，使用"拉伸"命令绘制 3 个圆，并逐个设置它们的实例属性，勾选"中心标记可见"复选框，然后单击"确定"按钮，如图 7-241 所示。

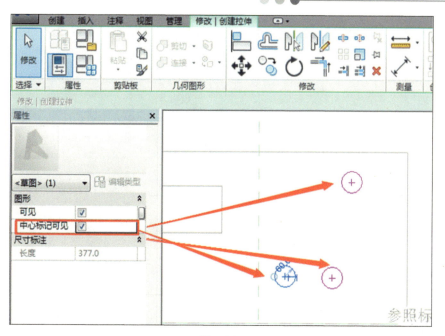

图 7-241

使用"尺寸"命令进行尺寸标注,添加参数"LN 管半径"、"LG 管半径"和"LH 管半径",如图 7-242 所示。

图 7-242

再对其添加一次控制参数"LH 距边距离"、"LH 距顶距离"、"LG 距边距离"、"LG 距底距离"、"LN 距边距离"和"LN 距底距离",如图 7-243 所示,完成拉伸。

进入参照标高视图,将拉伸轮廓拖曳至适当的位置,并进行尺寸标注及添加实例参数"管口厚",如图 7-244 所示。

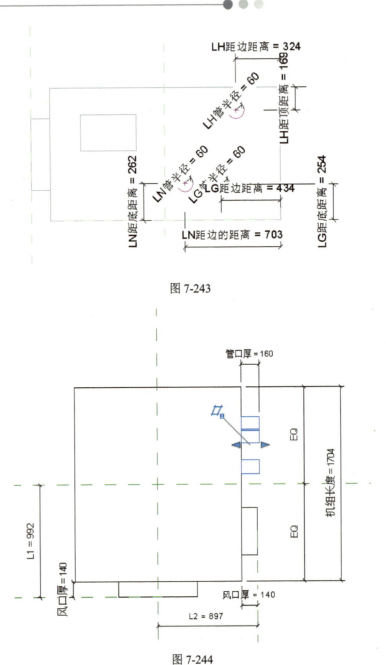

图 7-243

图 7-244

进入立面后视图中,使用"拉伸"命令绘制如图 7-245 所示的轮廓并添加一个参照平面进行尺寸标注,选择标注添加已有的参数"L"。

对轮廓进行尺寸标注,并使用"EQ"命令平分尺寸,添加两个实例参数"风管宽度 3"和"风管厚度 3",完成拉伸,如图 7-246 所示。

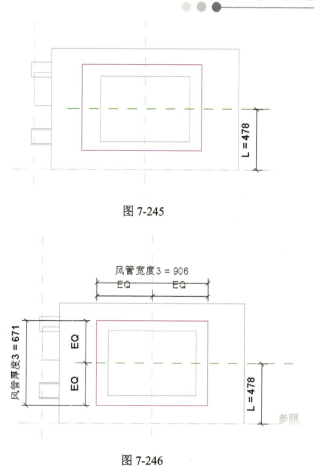

图 7-245

图 7-246

进入参照标高视图中,将拉伸轮廓拖曳至适当的位置进行尺寸标注,并添加已有的实例参数"风口厚",如图 7-247 所示。

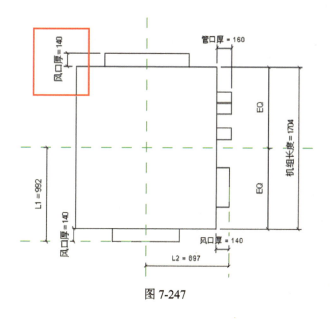

图 7-247

3. 添加连接件

进入三维视图中，单击"创建"选项卡>"连接件">"风管连接件"，分别单击放置在3个风口面上，如图7-248所示。

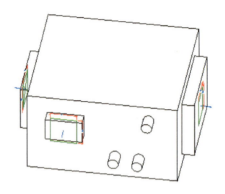

图 7-248

选择连接件，在"属性"对话框的"系统分类"下拉列表中选择"全局"，并在"尺寸标注"组中为"高度"、"宽度"找到对应参数，如图7-249所示。

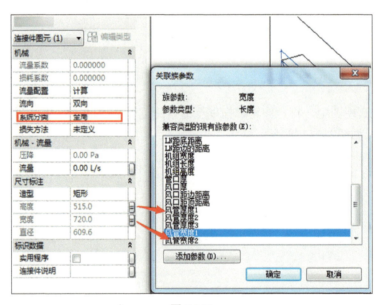

图 7-249

同理修改其他两个风口连接件属性，如图7-250所示。

接着同理对水管添加连接件，如图7-251所示。

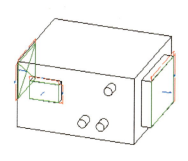 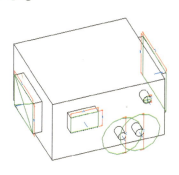

图 7-250　　　　　　　　　　　　　图 7-251

分别添加三个"实例参数"为:"LH 管直径"、"LG 管直径"和"LN 管直径"。"参数分组方式"为"其他",并对连接件的属性进行设置,如图 7-252~图 7-254 所示。

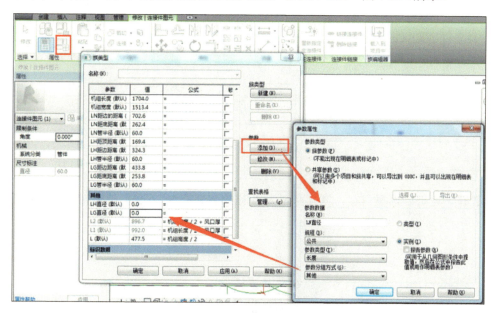

图 7-252

 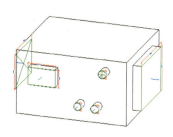

图 7-253　　　　　　　　　　　　　图 7-254

4. 族类型族参数的选择

单击"族属性"面板下的"类别与参数",打开"族类别和族参数"对话框,在"族类别"列表框中选择"机械设备","族参数"列表框保持默认设置,如图 7-255 所示。

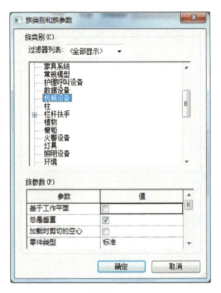

图 7-255

5. 族载入项目中进行测试

设置好之后可以选择保存,将其命名为"BM_空调机组",也可以直接载入项目中,如图 7-256 所示。

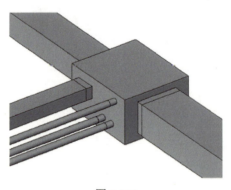

图 7-256

技术要点

1. 在 MEP 中绘制一个消防栓,若要在下面靠边处有一个管道连接件,又不想在消防栓的下面画一根多出来的管道,应如何实现呢?

答： 在新建公制常规模型族中，先绘制一个长方体的拉伸，如果现在就直接放管道连接件，必定会自动定位于消防栓底部中央处，因此可以事先绘制一个圆柱体的实心拉伸，注意圆柱体的下边和长方体的下边对齐，如图 7-257 所示。

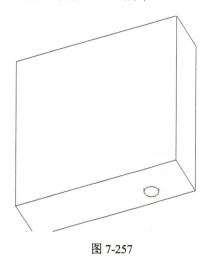

图 7-257

这时在下面的圆柱体上放管道连接件，如图 7-258 所示，将连接件的系统分类和半径设置好。

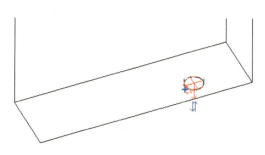

图 7-258

用修改选项卡中的连接工具将长方体和圆柱体连接起来。圆柱体此时消失，只剩下原位置的连接件，如图 7-259 所示。

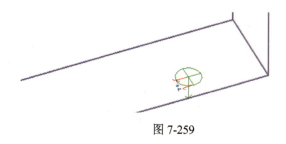

图 7-259

2．用参数区间控制可见性？

答： 绘制一个蝶阀，当 DN<150 时为手柄蝶阀；当 DN>=150 时，为涡轮蝶阀。

方法一。建立两个类型：涡轮和手柄。然后根据“not”参数控制其可见性。此族载入项目后（见图 7-260），显示为两个类型。不同管径的管子到底用手柄还是涡轮，其实还要绘图者自己进行判断然后选择需要的类型。不能拖到管道上自动判断生成手柄或涡轮。

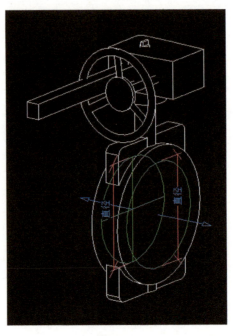

图 7-260

方法二。只建一种类型，然后用公称直径的范围控制“手柄”或者“涡轮”的可见性。此族载入项目后显示为一种类型，并且放入不同管径的管子上后会自动判断显示为手柄蝶阀还是涡轮蝶阀，如图 7-261 所示。

族类型

名称(N)：蝶阀-灰铁-机械-手柄/涡轮-对夹

参数	值	公式	锁定
图形			
涡轮（默认）	☑	= 公称直径 > 125 mm	
手柄（默认）	☐	= 公称直径 < 150 mm	
使用注释比例（默认）	☐	=	

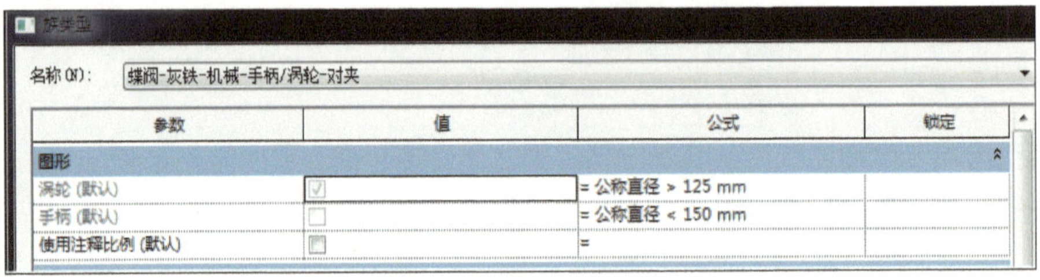

图 7-261

7.12 技术应用技巧

7.12.1 变径弯头族如何制作

在现实生活中弯头是有半径的，可在 MEP 中自带的族里只是通过活接头来实现变径，而弯头是同径，不符合施工要求，下面讲解如何来实现这一功能。

（1）首先新建一个公制常规模型族，在族类型中添加如图 7-262 所示的参数和公式。

参数	值	公式
图形		
使用注释比例 (默认)	☐	=
机械		
损失方法		=
K 系数表		=
K 系数		=
尺寸标注		
长度 (默认)	143.1	= tan(角度 / 2) * 转弯半径
转弯半径 (默认)	240.0	= 管半径一 * 2
角度 (默认)	61.606°	=
管道半径二 (默认)	50.0	=
管道半径一 (默认)	100.0	=
管半径二 (默认)	60.0	= 管道半径二 * 6 / 5
管半径一 (默认)	120.0	= 管道半径一 * 6 / 5

图 7-262

（2）然后在绘图区中绘制两条参照平面，并且标注添加参数如图 7-263 所示。

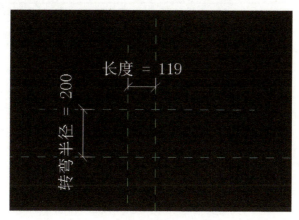

图 7-263

（3）用放样融合工具来绘制一段用“圆心-端点弧”命令绘制的路径，把路径的起点圆心和起点与参照平面全部对齐锁定，并给弧半径和角度添加参数，如图 7-264 所示。

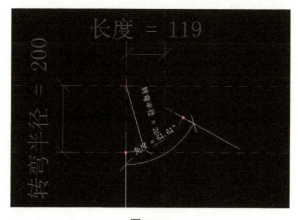

图 7-264

下一步为绘制轮廓 1 和轮廓 2，分别绘制两个圆，半径参数添加为管半径一和管半径二。确定后退出。

（4）模型已经搭建完成，进入三维视图，给弯头添加管道连接件，并且把连接件的参数关联，如图 7-265 所示。

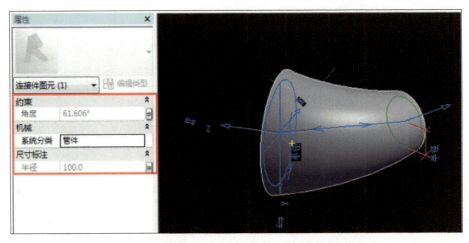

图 7-265

（5）两个连接件都把参数关联，半径分别关联管道半径一和管道半径二，角度全部关联角度参数。在族类别和族参数中进行如图 7-266 所示设置，然后保存。制作完成。

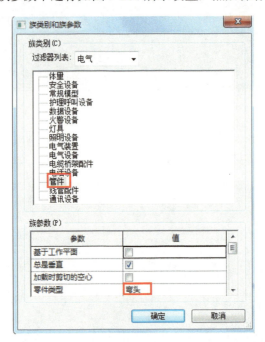

图 7-266

7.12.2 族图元可见性设置原则

1. 管路附件（如阀门、过滤器、软接）

（1）其二维图例（符号线创建）的可见性按图 7-267 所示进行设置。
（2）其模型的可见性按图 7-268 所示进行设置。

图 7-267

图 7-268

（3）这样可以保证平面图中，粗略、中等模式下（管道都为单线显示），管道附件都显示二维图标，在精细模式下（管道为双线显示），管道附件显示的是三维模型。载入项目中的效果如下。

① 粗略模式，如图 7-269 所示。
② 中等模式，如图 7-270 所示。

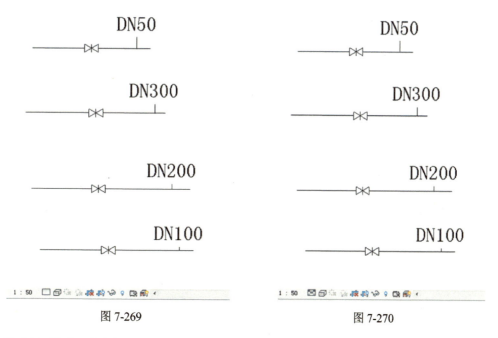

图 7-269　　　　　　　　　　图 7-270

③ 精细模式，如图 7-271 所示。

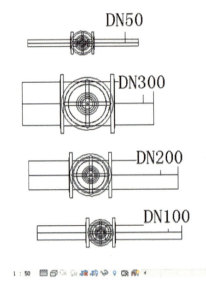

图 7-271

2. 风管附件（如风阀、软接）、风管末端（如风口）

（1）其二维图例（详图族嵌套）的可见性按图 7-272 进行设置。

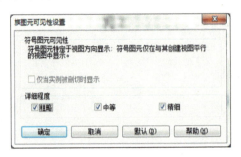

图 7-272

（2）其模型的可见性按图 7-273 所示进行设置。

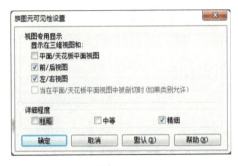

图 7-273

（3）这样可以保证平面图中粗略、中等和精细模式下，风管附件和末端都显示二维图标。载入项目中的效果如下。

① 粗略模式，如图 7-274 所示。

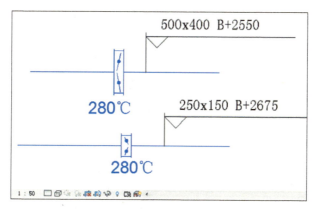

图 7-274

② 中等模式，如图 7-275 所示。

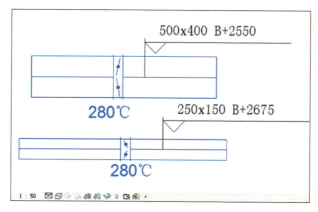

图 7-275

③ 精细模式，如图 7-276 所示。

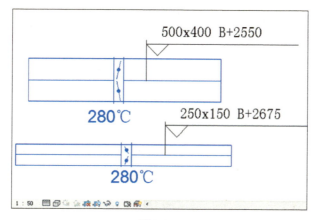

图 7-276

3. 其他不带二维图例的模型

可见性可按图 7-277 所示进行设置。

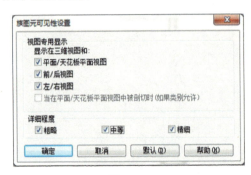

图 7-277

这样在任何视图中，粗略、中等和精细模式下，显示的都是 3D 模型。

7.12.3 怎样在族中添加文字载入项目中可见

（1）MEP 族在做二维表达时，经常要添加文字，所添加的文字在族里面是看得见的，但载入项目中应用时却看不见（见图 7-278）。

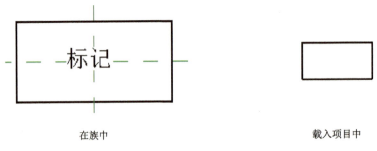

图 7-278

（2）所以在做这种需要添加文字的二维表达时，我们选择的样板应该是"常规注释样板"（见图 7-279）。

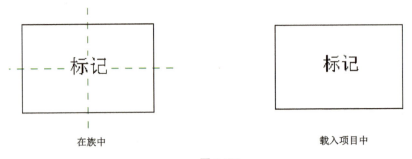

图 7-279

7.12.4 电气族电气参数修改要求

无论是电气设备还是配电盘，都有电气连接件。该连接件中包括一个重要的参数就是电压，若电气设备与配电盘的电压不同，则无法将配电盘与电气设备连接成系统。修改电气参数族载入项目后电气数据和样本一致，如图 7-280 所示。

设备添加电气连接件要注意关联如下三个参数："电压"、"相数"和"功率"，如图 7-281 所示。

图 7-280

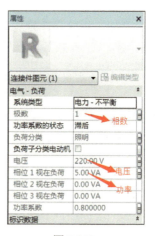

图 7-281

第 8 章　Revit MEP 新功能

本章主要介绍 Revit MEP 2017 中的机械、电气和管道工程增强功能。

8.1　Revit Fabrication

（1）**将设计意图转化为预制构件**：可以将常规、设计意图 Revit 构件转化为 LOD 400 预制构件。2017 版新增加由传统构件直接生成预制构件的功能，可以将正常构件（如风管、管道等）转换成预制构件（选择服务用于转换）如图 8-1 所示。

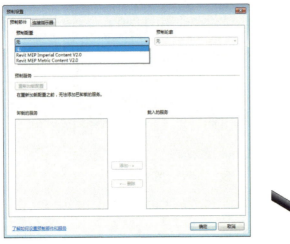

图 8-1

【注意】
- 选定服务必须包含选定设计图元所使用的所有尺寸。
- 在转换为 MEP 预制构件时，设计图元上的标记会被移除。
- 为获得最佳结果，请确保选定的设计网络连接良好。
- 以下零件不支持转换，但仍会与已转换的图元保持连接：机械设备、风管和管道附件、调节阀、软风管和管道、风道末端、喷水装置和卫浴装置。

- 以下功能和零件类型不受支持：对正、电气保护层、背靠背的管件。另请注意，倾斜管道和风管不完全受支持。
- 以下情况可能不会正确转换：接头未居中对齐、偏心变径、具有开放连接件的管件、管路过渡连接到设备。
- 连接到风管面的风道末端将不保持连接。
- 使用此命令时，并非由 Autodesk 提供的内容，具有的故障率可能更高。

（2）**布线填充**：为简化完成预制模型的过程，使用"修剪/延伸"、"快速连接"或"布线填充"来填充管道、风管或电气保护层的预制模型的间隙。

（3）**交换预制构件**：使用"类型选择快速交换预制构件。选择预制构件并使用类型选择器以将当前构件换为另一构件。例如，对于管网，可能希望将半径折弯切换为方形折弯。选择预制构件并单击（扩展修改工具）后，绘图区域提供以下选项来修改预制构件的位置。

- ⇄ 翻转预制构件：绕支管连接件旋转接头 180 度。
- ♣ 切换连接件：切换连接件，会变更朝向选定的连接位置的连接件。
- ↺ 逆时针旋转、↻ 顺时针旋转：在圆形管件、接头或内嵌设备连接到另一构件时对它们进行旋转。
- 90.00° 编辑旋转角度：单击旋转控制柄中的角度值即可。若要重置管件至其默认旋转角度，请在三维视图中单击"对齐到平面"，然后在其他所有视图中，单击"对齐到视图平面"。

使用以下工具优化管路以重新定位或删除短直段：

- ⇄ 重新定位构件：将选定管段与其他管路末端的直段交换以优化预制。
- 调整延伸：更改风管管件的延伸长度或将较短的直管段合并到相邻管件。使用"调整延伸"控制柄以提高风管管路的可施工性。

（4）**预制构件优化**：为帮助优化预制管网布局，可以使用画布中的控件来重新定位短直线段和延长管件延伸。此外，还可以查看警告以查找大于规格指定长度的管件。

（5）**支架支座位置**：为避免模型中的碰撞，请使用支架控制柄来修改支架支座的长度和位置，以及相应的杆位置。

（6）**支架放置**：可以将预制支架放置在管件延伸的直段部分。支架可以放置在其他支架上以模拟吊架条件或放置在自由空间中。

（7）**标记预制构件**：为了支持预制的施工图文档的工作流程，提供了用于标记预制构件的其他预制参数。

（8）**预制参数**：为改进 MEP Fabrication 建模的标记、明细表和过滤功能，现在为预制构件提供了多个参数。

（9）**预制族类别**：为改进 MEP 预制建模的注释、明细表和过滤功能，已为 MEP Fabrication 保护层、MEP Fabrication 管网、MEP Fabrication 支架和 MEP Fabrication 管道添加了族类别。

（10）预制构件的隐藏线：为改进文档编制，预制构件现在显示隐藏线。

（11）隔热层和内衬：为改进文档编制，预制构件现在显示风管和管道图元隔热层，以及内衬单独的子构件，从而能够对显示特性进行更多的控制。

（12）"属性"选项板中预制参数工具提示：为了支持可用性，工具提示提供"属性"选项板中的预制参数的说明。

（13）预制设置：指定预制设置时也可以指定预制部件。

8.2　MEP用户界面和工作流程增强功能

（1）新注释族：为改进常规和预制构件的注释，现已提供一些注释族，用于标记管网和管道系统（电气保护层当前不受支持），如图8-2所示。可将标记用于偏移、高程、高程点、反转立面（仅限管道）、设置为上和设置为下，以标记常规和预制图元。使用"机械设置"对话框可以自定义标记的标签。

图 8-2

（2）选择"风管设置"后，右侧窗格会显示项目中所有风管系统共用的一组参数。通过"风管设置"下的"转换"分支，可以定义分别应用于项目的送风、回风和排风风管系统的默认参数，如图8-3所示。

图 8-3

第 8 章 Revit MEP 新功能

使用"传递项目标准"功能可将风管设置、风管尺寸和风管类型复制到另一个项目中，如图 8-4 所示。

图 8-4

（3）**电气设置**：可以为 Revit 对电气负荷求和指定负荷计算方法：实际负荷与反应负荷求和，或视在负荷与实际负荷求和。升级模型时，Revit 会将实际负荷与反应负荷求和方法用作默认设置。使用该复选框可以指定是否为空间中的负荷启用负荷计算。

运行计算可能会降低系统的响应速度。

- 负荷分类：单击该按钮可以打开"负荷分类"对话框。
- 需求系数：单击该按钮可以打开"需求系数"对话框。
- 运行空间负荷计算：由于空间负荷计算可能会降低系统响应速度，因此可以禁用计算以提高性能。
- 视在负荷计算方法：指定 Revit 合计电气负荷的方式（将实际负荷加上反应负荷，或对视在负荷求和）。选定的方法将应用于模型中的所有负荷、电路和配电盘。

（4）**温度差异族参数类型**：温度差异参数现在可用于 HVAC、电气和管道族。

创建 HVAC 族参数时，在"参数属性"对话框中指定参数类型。在族编辑器中，单击"创建"选项卡→"属性"面板→🗂（族类型）。在"族类型"对话框的"参数"下单击"添加"。选择"HVAC"作为"规程"，如图 8-5 所示。

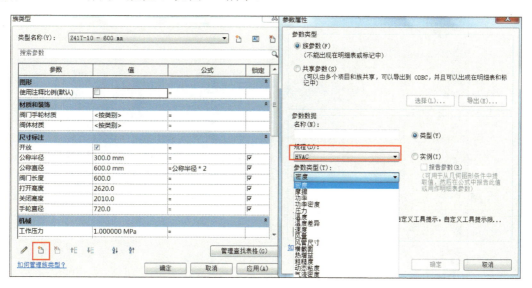

图 8-5

（5）为接头计算压降：计算风管系统压降时为改善工作流程，可以为风管接头配件关联 ASHRAE 表，如图 8-6 所示。

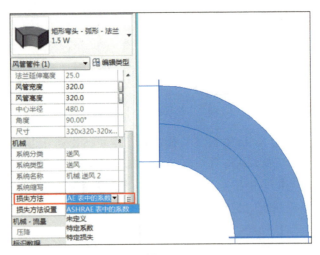

图 8-6

8.3 MEP 性能改进

（1）复制标记：为提高性能，为以下 MEP 类别放置图元时未填入"标记"参数：电缆桥架、电缆桥架配件、线管、线管配件、风管、管道配件、风管占位符、风管隔热层、风管内衬、软风管、软管、管道、管件、管道占位符、管道隔热层和导线，如图 8-7 所示。

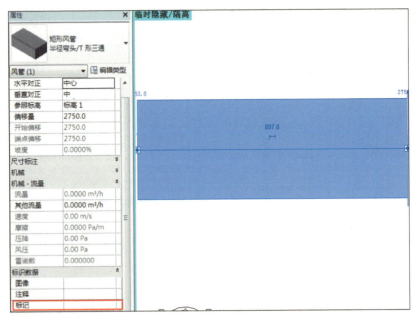

图 8-7

（2）**体积计算**：为提高性能，Revit 作为后台进程执行管道系统体积计算。

编辑大型 MEP 系统网络时使用性能模式以提高 Revit 的性能。

对于"计算"参数，选择"性能"并单击"确定"。使用此系统类型的项目中每个系统上的系统传播都已禁用。所有其他系统将保持原样。要再次启用系统传播，指定计算参数的其他设置，如图 8-8 所示。

系统分类	计算设置				
	全部	仅流量	仅体积	无	性能
送风	✓	✓		✓	✓
回风	✓	✓		✓	✓
排风	✓	✓		✓	✓
家用冷水	✓	✓		✓	✓
家用热水	✓	✓		✓	✓
循环供水	✓	✓		✓	✓
循环回水	✓	✓		✓	✓
卫生设备		✓			
通气管			✓		
其他			✓		
湿式消防系统			✓	✓	✓
干式消防系统			✓	✓	✓
预作用消防系统			✓	✓	✓
其他消防系统			✓	✓	✓

图 8-8

（3）**风管显示**：为了提高性能以更快地打开和更新视图，Revit 仅重新生成在图纸区域上可见的管网。此外，如果风管在绘图区域显示的很小，则它将显示为简化线，而不管指定给视图的详细程度如何。

附录　柏慕最佳实践应用

北京柏慕进业工程咨询有限公司，自 2008 年成立以来，与 Autodesk 公司建立密切合作关系，成为其授权培训中心，长期致力于 BIM 相关软件应用推广。

同时，柏慕进业公司在 BIM 技术上研究多年，沉淀出数千条关于该软件的技术要点，总结了 BIM 在设计、施工、运维全生命周期的应用。近年来，柏慕进业公司一直致力于 BIM 标准化应用体系研究，经过一年多时间，历经数十个项目的测试研究，推出基于 Autodesk Revit 软件的插件——柏慕 2.0 产品。

基本实现了 BIM 材质库、族库、出图规则、建模命名规则、国标清单项目编码及施工、运维各项信息管理的有机统一，初步形成了 BIM 标准化应用体系。

柏慕 2.0 应用体系的六大特点：

- 全专业施工图出图。
- 国标清单工程量。
- 建筑节能计算。
- 设备冷热负荷计算。
- 标准化族库、材质库。
- 施工运维信息标准化管理。

下面列举柏慕标准化应用体系部分标准——柏慕标准化建模、出图及算量应用，用"技术应用要点分析"诠释 Autodesk Revit 的真正项目应用。

附录 A 建模

A.1 创建设备专业标高轴网

各专业选择各自标高：建筑专业选择"建筑标高"；结构专业选择"结构标高"；设备专业选择"建筑完成面标高"（建筑标高）。

在项目前期准备阶段，先进行样板制作（后续有详细内容讲解），然后创建标高轴网，项目需要使项目原点在同一位置，设备套用建筑标高，将建筑创建完成的标高轴网文件链接到设备文件中进行绑定。

根据建筑专业的标高轴网创建设备的标高轴网，具体操作流程如下。

（1）将要用到设备样板打开并另存为一份项目文件。

（2）将建筑模型链接到当前项目中，如图 A-1 和图 A-2 所示。

图 A-1

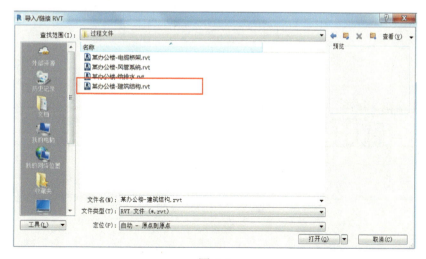

图 A-2

（3）绘制标高与轴网，利用"拾取 "命令，拾取建筑模型的标高与轴网，如图 A-3 和图 A-4 所示。

图 A-3

图 A-4

（4）创建后的标高轴网如图 A-5 和图 A-6 所示。

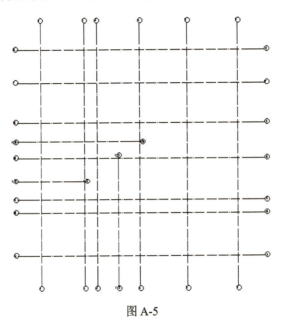

图 A-5

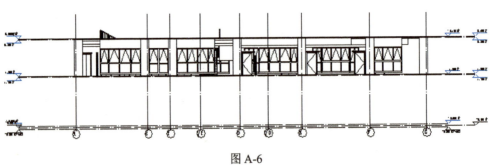

图 A-6

（5）绘制好标高轴网后，将文件另存为设备的标高轴网。

A.2 暖通系统

A.2.1 暖通管道的命名

该命名结合设计师使用习惯和国家分部分项清单（GB 50500）统一命名，使得模型标准化，满足出图及算量要求，方便后期与其他平台数据的无缝对接。

在风系统中，风管的命名方式为：风管系统缩写+中文名称_管道材质。例如风管，将其命名为"SF 送风_镀锌钢板"，如图 A-7 所示。

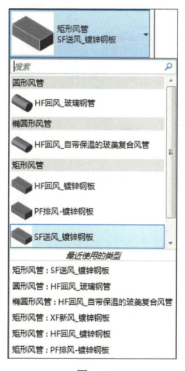

图 A-7

A.2.2 暖通管道系统类型设置

该设置结合设计师使用习惯和国家对暖通系统的统一命名，使得模型标准化，满足出图及算量要求，方便后期与其他平台数据的无缝对接。

不同的管道的系统类型是不同的，在绘制管道之前我们需要设置并选择其对应的系统类型，保障所绘制的管道在其所属的系统类型中。

（1）根据图纸梳理暖通管道系统类型。
（2）在"项目浏览器"中找到"风管系统"，查看样板中的系统类型，如图 A-8 所示。

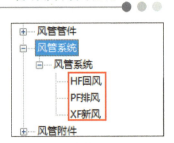

图 A-8

（3）若样板中自带的风管系统类型不满足项目所需，可自行复制增加，例如"SF 送风"，如图 A-9 所示。

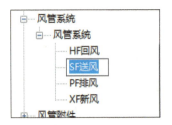

图 A-9

（4）双击新建的"SF 送风"系统类型，将其材质改为"MEP_SF 送风系统颜色"，若材质库中没有此材质，则需自行添加，如图 A-10 和图 A-11 所示。

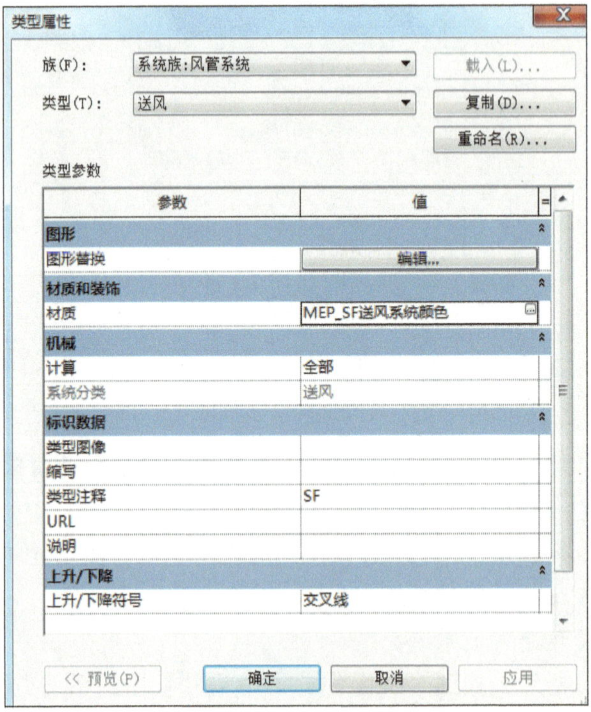

图 A-10

附录 A　建模

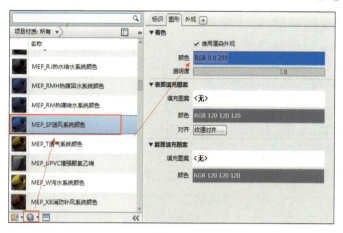

图 A-11

（5）设置好系统类型后，根据图纸进行暖通管道的绘制。

A.3　给排水系统

A.3.1　水管道的命名

该命名结合设计师使用习惯和国家分部分项清单（GB 50500）统一命名，使得模型标准化，满足出图及算量要求，方便后期与其他平台数据的无缝对接。

在水系统中，水管的命名方式为：水管系统缩写+中文名称_管道材质。例如水管，将其命名为"ZP 喷淋_镀锌钢管"，如图 A-12 所示。

图 A-12

A.3.2 管道系统类型设置

该设置结合设计师使用习惯和国家对暖通系统的统一命名，使得模型标准化，满足出图及算量要求，方便后期与其他平台数据的无缝对接。

不同的管道的系统类型是不同的，在绘制管道之前我们需要选择其对应的系统类型进行设置，保证所绘制的管道在其所属的系统类型中。

（1）根据图纸梳理水管道系统类型。

（2）在"项目浏览器"中找到"管道系统"，查看样板中的系统类型，如图 A-13 所示。

图 A-13

（3）若样板中自带的管道系统类型不满足项目所需，可自行复制增加，例如"YW 压力污水"，如图 A-14 所示。

图 A-14

（4）双击新建的"YW 压力污水"系统类型，将其材质改为"MEP_YW 压力污水系统颜色"，若材质库中没有此材质，则需自行添加，如图 A-15 和图 A-16 所示。

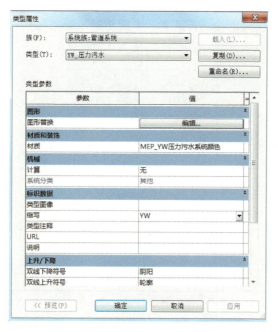

图 A-15

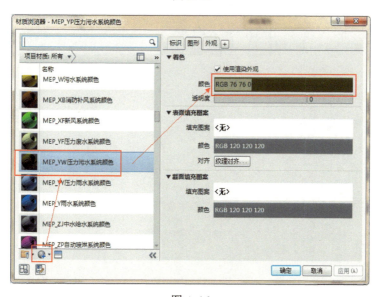

图 A-16

（5）设置好系统类型后，根据图纸进行暖通管道的绘制。

A.4　电气系统

电缆桥架的命名结合设计师使用习惯和国家分部分项清单（GB 50500）统一命名，使得模型标准化，满足出图及算量要求，方便后期与其他平台数据的无缝对接。

在电气系统中,电缆桥架的命名方式为:电缆桥架系统缩写+中文名称-强电/弱电。例如桥架,将其命名为"金属防火线槽-强电",如图 A-17 所示。

图 A-17

附录 B 出图

B.1 视图样板

视图样板是一系列视图属性,例如,视图比例、规程、详细程度及可见性设置等。使用视图样板可以为视图应用标准设置。使用视图样板可以确保遵守公司标准,并实现施工图文档集的一致性。

建立视图样板前,应先考虑使用视图的形式,即对于每种视图(楼板平面视图、立面视图、剖面视图、3D 视图等),适用哪些形式。例如,建筑师可能会使用许多形式的楼板平面视图,如动力和信号、隔板、拆除、家具和放大视图。

可以为每个形式建立视图样板,以控制品类、视图比例详细等级、图形显示选项等的可见性/图形取代的设定。

B.1.1 视图样板的设置

视图样板(见图 B-1)的设置主要以如下几个方面为例(其他更多设置及应用可购买柏慕 2.0 产品,使用柏慕 2.0 样板)。

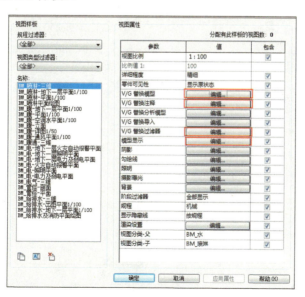

图 B-1

1）V/G 替换模型

单击"V/G 替换模型",在如图 B-2 所示对话框中"可见性"一栏勾选样板中需要显示的构件,取消勾选不需要显示的构件。

图 B-2

2）V/G 替换注释

单击"V/G 替换注释",在如图 B-3 所示对话框中"可见性"一栏勾选样板中需要显示的注释类型,取消勾选不需要显示的注释类型(一般会取消勾选"参照平面"、"参照点"、"参照线")。

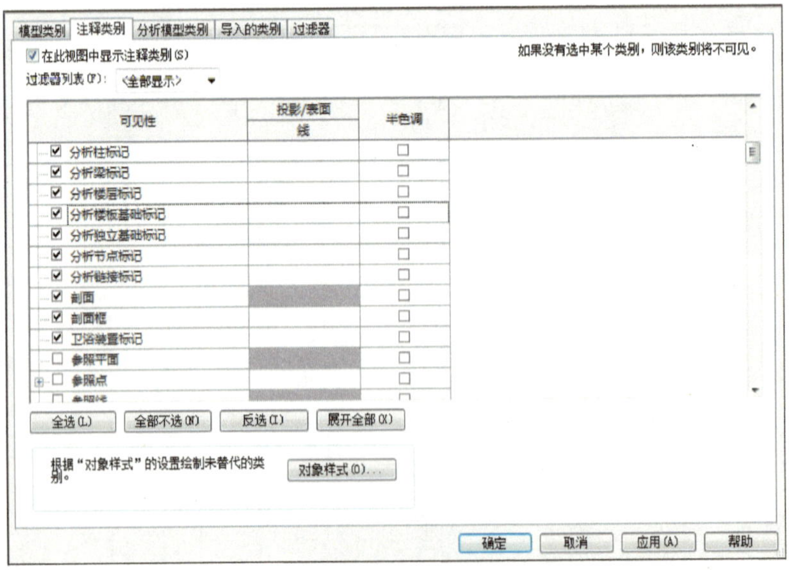

图 B-3

3）V/G 替换过滤器

单击"V/G 替换过滤器",在如图 B-4 所示对话框中"可见性"一栏勾选样板中需要显示的系统类型,取消勾选不需要显示的系统类型。例如,喷淋平面的视图样板只需勾选"ZP自动喷淋系统"即可。

图 B-4

4）模型显示

单击"视觉样式",在如图 B-5 所示对话框中设置模型显示样式及轮廓线。

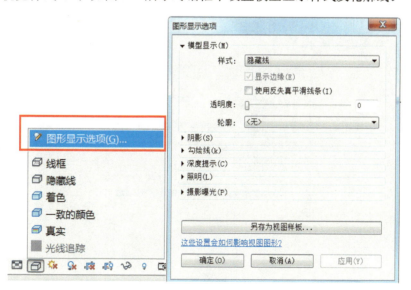

图 B-5

B.1.2 视图样板的应用

为使水系统各平面规范化，水系统绘制完成后，将与系统中设置好的样板文件进行关联，在属性栏中选择视图样板，在弹出的"应用视图样板"对话框中选择对应的视图样板，如图 B-6 和图 B-7 所示。

图 B-6

图 B-7

B.2 图纸创建

B.2.1 创建图纸

选择"视图"选项卡>"图纸组合"面板>"图纸"命令，在弹出的"新建图纸"对话框中通过"载入"会得到相应的图纸。这里选择载入图签"A1 公制"，单击"确定"按钮，完成图纸的新建，如图 B-8 所示。

图 B-8

此时创建了一张图纸视图，如图 B-9 所示，创建图纸视图后，在项目浏览器中"图纸"项下自动增加了图纸"J0-1-未命名"。

图 B-9

B.2.2 设置项目信息

单击"管理"选项卡下"设置"面板中的"项目信息"按钮，按图示内容录入项目信息，单击"确定"按钮，完成录入，如图 B-10 所示。

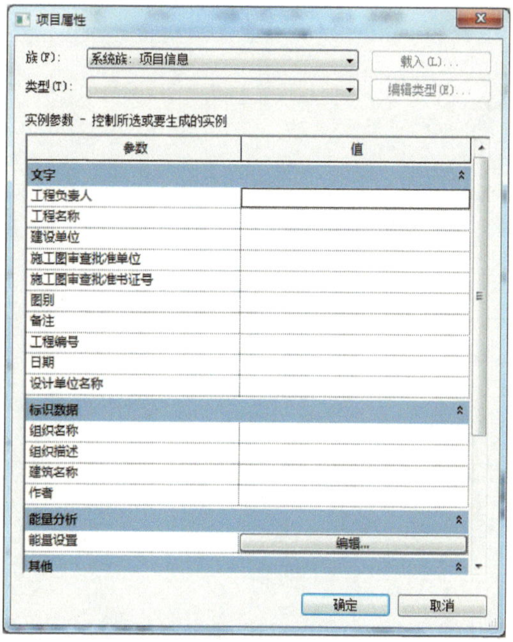

图 B-10

图纸中的审核者、设计者等内容可在图纸属性中进行修改，如图 B-11 所示。

图 B-11

B.2.3　设置图纸信息

设置图纸的分类，与设置楼层平面相同，通过"视图分类-父"确定，如图 B-12 所示。

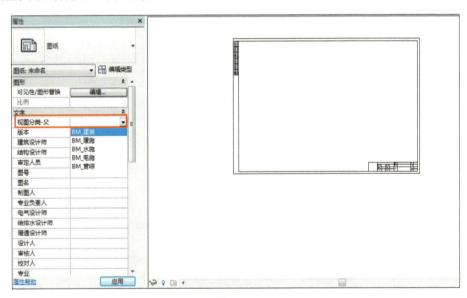

图 B-12

【注】"视图分类-父"参数可通过添加共享参数自行添加。

在属性栏中设置图纸的"图纸编号"和"图纸名称",如图 B-13 所示。

图 B-13

至此完成了图纸的创建和相关信息的设置。

附录 C 工程量计算

1. 利用明细表进行工程量计算

以管道清单为例,关于明细表的详细说明如下。

生成明细表。例如,点击"清单_水-管道"明细表,进入管道水明细表界面,如图 C-1 所示。(此明细表为柏慕 2.0 软件中的明细表单,如未购买,可按如下格式自建)

(1)项目编码:同"《建设工程工程量清单计价规范》(GB 50500—2013)"保持一致。

(2)项目名称:需要从中提取管道名称,如"镀锌钢管"、"衬塑钢管"和"PPR 管"。

(3)项目特征:a.安装部位 b.介质 c.规格 d.压力等级 e.连接形式。

A	B	C	D	E	F	G	H	I
				项目特征				
项目编码	项目名称	安装部位	介质	规格	管道压力等级	管道连接方式	计量单位	工程量
031001006	J给水_PPR管		J1低区给水	Φ25			m	47.737 m
031001006	J给水_PPR管		J1低区给水	Φ40			m	105.955 m
031001006	J给水_PPR管		J1低区给水	Φ50			m	39.642 m
J给水_PPR管								193.334 m
031001007	J给水_衬塑钢管	室内	J1低区给水	Φ40	1.0 Pa	丝扣	m	21.224 m
J给水_衬塑钢管								21.224 m
031001001	KN空调冷凝水_镀锌钢管		KN空调凝结水	Φ20			m	384.410 m
031001001	KN空调冷凝水_镀锌钢管		KN空调凝结水	Φ25			m	246.794 m
031001001	KN空调冷凝水_镀锌钢管		KN空调凝结水	Φ32			m	136.782 m
031001001	KN空调冷凝水_镀锌钢管		KN空调凝结水	Φ40			m	38.488 m
KN空调冷凝水_镀锌钢管								806.474 m
031001001	LDG冷冻水供水_镀锌钢管		LDG空调冷冻水供水	Φ20			m	324.226 m
031001001	LDG冷冻水供水_镀锌钢管		LDG空调冷冻水供水	Φ32			m	17.823 m
031001001	LDG冷冻水供水_镀锌钢管		LDG空调冷冻水供水	Φ40			m	21.296 m
031001001	LDG冷冻水供水_镀锌钢管		LDG空调冷冻水供水	Φ50			m	49.721 m
031001001	LDG冷冻水供水_镀锌钢管		LDG空调冷冻水供水	Φ70			m	294.156 m
031001001	LDH空调冷冻水回水_镀锌钢管		LDH空调冷冻水回水	Φ20			m	10.484 m
LDG冷冻水供水_镀锌钢管								717.706 m
031001001	LDH空调冷冻水回水_镀锌钢管		LDH空调冷冻水回水	Φ20			m	50.532 m
031001001	LDH空调冷冻水回水_镀锌钢管		LDH空调冷冻水回水	Φ25			m	405.989 m
031001001	LDH空调冷冻水回水_镀锌钢管		LDH空调冷冻水回水	Φ32			m	18.781 m
031001001	LDH空调冷冻水回水_镀锌钢管		LDH空调冷冻水回水	Φ40			m	18.910 m
031001001	LDH空调冷冻水回水_镀锌钢管		LDH空调冷冻水回水	Φ50			m	225.220 m
031001001	LDH空调冷冻水回水_镀锌钢管		LDH空调冷冻水回水	Φ70			m	119.341 m
031001001	LDH空调冷冻水回水_镀锌钢管		LDH空调冷冻水回水	Φ80			m	166.130 m
LDH冷冻水回水_镀锌钢管								1004.902 m

图 C-1

a. 安装部位根据管道安装的具体部位手动添加。首先,确定室内的管道。其次,选中所有室内管道,在"属性"面板上"安装部位"后面添加参数为"室内",如图 C-2 所示。

附录 C 工程量计算

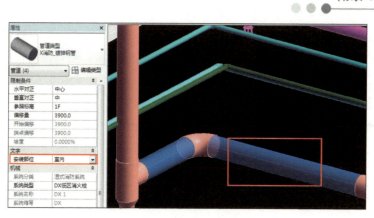

图 C-2

添加完成之后如图 C-3 所示。

030901002	X消防_镀锌钢管	室内	DX低区消火栓	Φ65		41.485 m
030901002	X消防_镀锌钢管	室内	DX低区消火栓	Φ100		368.064 m
X消防_镀锌钢管						409.549 m

图 C-3

b．介质：通过管道系统即可清楚地查看管道的介质，如"J1 低区给水"系统的介质是"给水"。

c．规格：直接统计管材尺寸，绘制后直接生成此参数，无须手动修改。

d．管道压力等级：需要在绘制管道之前首先确定下来，添加到管道上添加方法同"安装部位"。

e．管道连接方式：根据不同的管道类型及系统确定管道连接方式，手动快速添加。

（4）工程量：软件自动生成所需的量。

（5）计量单位：两种添加方式，一种是直接在 Revit 中手动添加，另一种是在导出的 Excel 文档中快速添加，如图 C-4 所示。

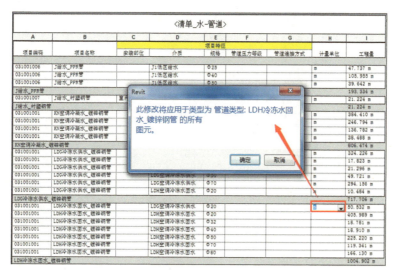

图 C-4

关于管道的计算规则：Revit 自动扣减了管件和管路附件的长度，而国标清单中计算规则是，直接计算管道的延长米。在这里柏慕族库做了大量的工作，把管件、管路附件等所有族加上"长度"参数，把相应的管道管径及系统对应的管件的长度统计出来，如图 C-5 和图 C-6 所示，加入相应的管道长度中即可。

			〈清单_水-管件〉			
A	B	C	项目特征			F
项目编码	项目名称	系统类型	尺寸	管道连接方式		长度
	BM_T 形三通 - 常规: 不锈钢管	DX低区消火栓	Φ100-Φ100-Φ100			4050
	BM_四通 - 常规: 不锈钢管	DX低区消火栓	Φ100-Φ100-Φ100-Φ100			100
	BM_弯头 - 常规: 不锈钢管	DX低区消火栓	Φ65-Φ65			11520
	BM_弯头 - 常规: 不锈钢管	DX低区消火栓	Φ100-Φ100			9586
	BM_过渡件 - 常规: 不锈钢管	DX低区消火栓	Φ100-Φ65			1520
DX低区消火栓: 232						26778
	BM_T 形三通 - 常规: PPR管	J1低区给水	Φ40-Φ40-Φ40			6000
	BM_T 形三通 - 常规: PPR管	J1低区给水	Φ50-Φ50-Φ50			225
	BM_四通 - 常规: PPR管	J1低区给水	Φ40-Φ40-Φ40-Φ40			100
	BM_弯头 - 常规: PPR管	J1低区给水	Φ15-Φ15			359
	BM_弯头 - 常规: PPR管	J1低区给水	Φ25-Φ25			100
	BM_弯头 - 常规: PPR管	J1低区给水	Φ32-Φ32			64
	BM_弯头 - 常规: PPR管	J1低区给水	Φ40-Φ40			3192
	BM_弯头 - 常规: PPR管	J1低区给水	Φ50-Φ50			918
	BM_过渡件 - 常规: 衬塑钢管	J1低区给水	Φ40-Φ40			152
	BM_过渡件 - 常规: PPR管	J1低区给水	Φ25-Φ15			2584
	BM_过渡件 - 常规: PPR管	J1低区给水	Φ32-Φ25			38
	BM_过渡件 - 常规: PPR管	J1低区给水	Φ40-Φ15			2584
	BM_过渡件 - 常规: PPR管	J1低区给水	Φ50-Φ32			380
	BM_过渡件 - 常规: 衬塑钢管	J1低区给水	Φ50-Φ40			38
J1低区给水: 302						16772

图 C-5

			〈清单_水-管路附件〉			
A	B	C	项目特征			F
项目编码	项目名称	系统类型	尺寸	型号		长度
	BM_截止阀-波纹密封式-法兰a: 标准	LDG空调冷冻水供水	Φ70-Φ70			231
	BM_截止阀-波纹密封式-法兰a: 标准	LDH空调冷冻水回水	Φ70-Φ70			231
						462
	BM_闸阀 - Z45 型 - 暗杆楔式单闸板 - 法兰式	LDG空调冷冻水供水	Φ80-Φ80			180
	BM_闸阀 - Z45 型 - 暗杆楔式单闸板 - 法兰式	LDG空调冷冻水供水	Φ80-Φ80			180
	BM_闸阀 - Z45 型 - 暗杆楔式单闸板 - 法兰式	LDG空调冷冻水供水	Φ80-Φ80			180
	BM_闸阀 - Z45 型 - 暗杆楔式单闸板 - 法兰式	LDG空调冷冻水供水	Φ80-Φ80			180
	BM_闸阀 - Z45 型 - 暗杆楔式单闸板 - 法兰式	LDH空调冷冻水回水	Φ80-Φ80			180
	BM_闸阀 - Z45 型 - 暗杆楔式单闸板 - 法兰式	LDH空调冷冻水回水	Φ80-Φ80			180
	BM_闸阀 - Z45 型 - 暗杆楔式单闸板 - 法兰式	LDH空调冷冻水回水	Φ80-Φ80			180
	BM_闸阀 - Z45 型 - 暗杆楔式单闸板 - 法兰式	LDH空调冷冻水回水	Φ80-Φ80			180
						1980

图 C-6

2. 完成从 Revit 明细表到清单表格的制作

（1）进入当前要导出的明细表中，单击"应用程序菜单"下的"导出"，选择"报告"下的"明细表"，如图 C-7 所示。

附录 C 工程量计算

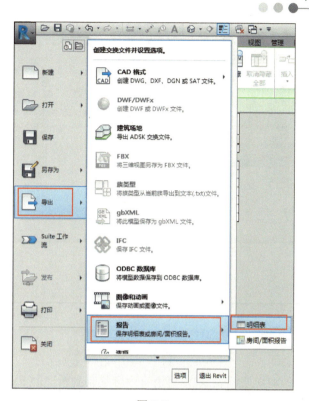

图 C-7

（2）选择该明细表路径及明细表名称，如果不做修改，系统自动默认明细表名称作为导出明细表名字，如图 C-8 所示。

图 C-8

（3）新建"Excel 表格" ，重命名，然后打开表格，将第一列设置为文本格式，如图 C-9 所示。

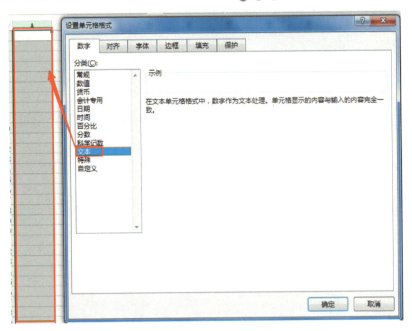

图 C-9

（4）然后打开导出的清单明细表 ，将所有内容复制到新建的 Excel 表格中。稍作调整即可，如图 C-10 所示。

清单_水-管道									
项目编码	项目名称		特征项目					计量单位	工程量
		安装部位	系统类型（介质）	规格		管道压力等级	管道连接方式		
031001001	F废水_镀锌钢管		F废水	Φ40				m³	39.21
031001001	F废水_镀锌钢管		F废水	Φ50				m³	7.28
031001001	F废水_镀锌钢管		F废水	Φ80				m³	98.08
031001001	F废水_镀锌钢管		F废水	Φ100				m³	95.02
031001001	F废水_镀锌钢管		F废水	Φ200				m³	4.25
031001001	F废水_镀锌钢管		X消火栓管	Φ65				m³	82.34
F废水_镀锌钢管: 327									326.19
030901002	J1低区给水_钢管		J1低区给水管	Φ15				m³	2.47
030901002	J1低区给水_钢管		J1低区给水管	Φ20				m³	26.43
030901002	J1低区给水_钢管		J1低区给水管	Φ25				m³	2.51
030901002	J1低区给水_钢管		J1低区给水管	Φ32				m³	23.76
030901002	J1低区给水_钢管		J1低区给水管	Φ40				m³	74.08
030901002	J1低区给水_钢管		J1低区给水管	Φ50				m³	29.68
030901002	J1低区给水_钢管		J1低区给水管	Φ80				m³	44.84
030901002	J1低区给水_钢管		J1低区给水管	Φ100				m³	5.66
J1低区给水_钢管: 129									209.44
030901002	J2高区给水_钢管		J2高区给水管	Φ20				m³	8.16
030901002	J2高区给水_钢管		J2高区给水管	Φ50				m³	10.04
030901002	J2高区给水_钢管		J2高区给水管	Φ65				m³	69.43

图 C-10

【注】如需"2013 国家分部分项清单"即《建设工程工程量清单计价规范》（GB 50500—2013）"可到柏慕网站（www.51bim.com）下载。

附录 D 暖通冷热负荷计算

D.1 建筑结构模型校对

基于已完成的建筑结构模型进行负荷计算，需要对其一些基本设置进行校对。

D.1.1 地理位置

确定项目的地理位置是否正确。

项目开始前要确定项目的地理位置，通过地理位置确定气象数据进行负荷计算。编辑"地理信息"的方法是：单击功能区中的"管理">"项目信息">"项目属性">"能量设置">"位置"，如图 D-1 和图 D-2 所示。

图 D-1

图 D-2

- 打开"位置、气候和场地"对话框，依次对位置、天气和场地进行设置。
- 位置的设置有"Internet 映射服务"和"默认城市列表"两种选择方法，如图 D-3 和图 D-4 所示。

图 D-3

图 D-4

- 在"天气"选项卡中设置相应地点的气象参数，包括"制冷设计温度"、"加热设计温度"和"晴朗数"，如图 D-5 所示。其中，"制冷设计温度"指夏季室外计算温度，"加热设计温度"指冬季室外计算温度。
- "场地"选项卡用于确定建筑物的朝向及建筑物之间的相对位置，而主要校正该项目的正北方向，如图 D-6 所示。

图 D-5

图 D-6

D.1.2 建筑/空间类型设置

单击功能区中的"管理">"MEP 设置">"建筑/空间类型设置",如图 D-7 所示,对建筑及空间类型进行设置。

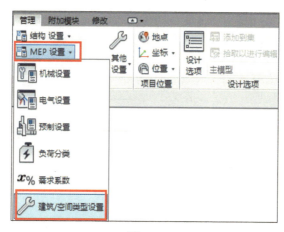

图 D-7

"建筑/空间类型设置"对话框中列出了不同类型建筑与空间的能量分析参数,如图 D-8 所示。前面提及 Revit 负荷计算工具基于美国 ASHRAE 的负荷计算标准,因此在使用时需要将其默认值进行更改以符合自己的需要。

图 D-8

空间类型主要针对不同功能的房间,与建筑类型的能量分析参数相比,少了三个参数:开放时间、关闭时间和未占用制冷设定点,如图 D-9 所示。

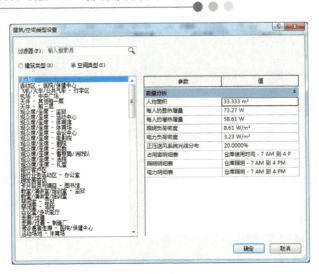

图 D-9

D.1.3　建筑模型围护结构相关信息的确认

首先，确认建筑模型围护结构，包括墙体、门、窗、屋顶、楼板等，确认其是否具有热工参数，如图 D-10 所示。如果该模型围护结构热工信息都准确，那么做负荷计算时就可以直接提取该模型的所有信息参数，无须手动干预。

图 D-10

其次，确认模型中墙体的功能设置是否正确，如图 D-11 所示。不同功能的墙体相应的计算规则也不同，这里是墙体内部与外部的确定。

图 D-11

D.2 空间

Revit 通过为建筑模型定义"空间",存储用于项目冷热负荷分析计算的相关参数。通过"空间"放置自动获取建筑中不同房间的信息:周长、面积、体积、朝向、门窗位置及门窗面积等。通过设置"空间"属性,定义建筑物围护结构的传热系数、电气负荷、人员等能耗分析参数。

D.2.1 空间放置

空间放置有两种方式:手动放置和自动放置。顾名思义,手动放置需要手动逐个添加,而 Revit 本身即具有自动放置空间的功能,可以自动识别所有闭合空间,如图 D-12 和图 D-13 所示。

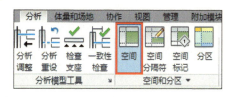

图 D-12

图 D-13

对于有特殊要求的空间，可能需要人为地进行空间分割，这种情况可以借助空间分隔符来实现，如图 D-14 所示。

图 D-14

对案例建筑模型标准层进行空间放置，如图 D-15 所示。

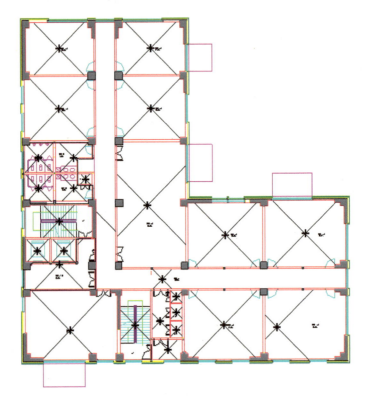

图 D-15

D.2.2 空间设置

空间放置完毕之后需要对其进行设置。空间的设置主要有两方面的内容：基本属性参数设置和能量分析参数设置。

所谓的基本属性参数主要是指空间的标识数据及限制条件，如图 D-16 所示。

需要说明的是，有时候建筑模型中已经设置了房间名称及编号，如果空间与房间名称及编号一致，利用插件（Autodesk Revit MEP Space Naming Utility ）直接转换即可。

对于能量参数分析设置，主要有分区、正压送风系统、占用、条件类型、空间类型、人员、电气负荷等参数设置，如图 D-17 所示。操作时只需根据需要自行选择相应数值即可。

图 D-16

图 D-17

针对这些参数，需要说明如下几点。

（1）正压送风系统：当非空调空间作为静压箱使用时勾选属性栏中的"正压送风系统"，比如吊顶空间。

（2）占用：勾选该项表示该空间为空调区域，需要计算负荷。

（3）构造类型：定义建筑围护结构的传热性能。如图 D-18 所示，默认设置为"<建筑>"，可以通过新建新的构造类型，并在"分析构造"一栏中重新定义建筑类型材质。

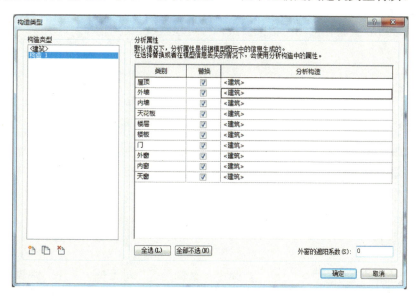

图 D-18

D.2.3 空间明细表

空间明细表用于查看、统计和编辑空间信息。柏慕 2.0 样板中已设置好空间明细表，使用时只要单击 ，在设备明细表中选择空间明细表即可，如图 D-19～图 D-21 所示。

图 D-19

图 D-20

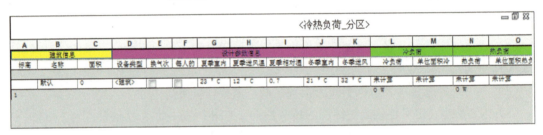

图 D-21

通过明细表可以查看各空间的相关参数，并可以做适当的修改。

D.3 分区

分区是各空间的集合，可以由一个或者多个空间组成。创建分区后可以定义具有相同环境（温度、湿度）和设计需求的空间。

分区的原则一般有两种：（1）使用相同空调系统的空间。（2）空调系统中使用同一台空气处理设备的空间。

D.3.1 分区放置

单击功能区中的"分析">"分区"，弹出"编辑分区"对话框，单击"编辑分区">"添加空间"，选择空间即可将具有相同环境和设计需求的空间添加到新建分区中，如图 D-22 和图 D-23 所示。

附录 D 暖通冷热负荷计算

图 D-22

图 D-23

D.3.2 分区查看

设置完分区之后可以通过如下两种方式来对其进行查看。

1. 系统浏览器

单击功能区中的"视图">"用户界面",勾选"系统浏览器"复选框,如图 D-24 所示。单击列设置按钮 ,在弹出的对话框中可以选择需要查看的分区中的空间信息,如图 D-25 所示。

图 D-24

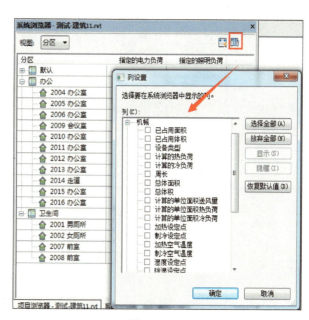

图 D-25

2. 颜色方案

"颜色方案"功能是根据分区的名称、面积或者计算冷负荷等对各个分区进行颜色填充，在视图上可直观了解分析各个分区信息。

单击功能区中的"分析">"颜色填充图例"，如图 D-26 所示。

图 D-26

柏慕 2.0 样板中针对分区和空间分别做了两个颜色方案，分别按名称和冷负荷进行区分。用户使用时直接选择"HVAC 区"为"空间类型"即可，如图 D-27 所示。如果需要编辑，选择颜色填充图例，单击"编辑方案"即可打开"编辑颜色方案"对话框，如图 D-28 和图 D-29 所示。

图 D-27

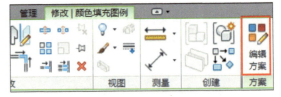

图 D-28

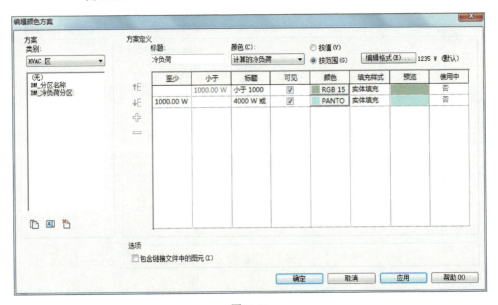

图 D-29

D.3.3 分区设置

同空间设置类似，对于分区，可以在属性栏的"标识数据"中为分区修改名称，如图 D-30 所示。

在"能量分析"下定义分区的"设备类型"、"制冷信息"、"加热信息"和"新风信息"等参数，如图 D-31 所示。

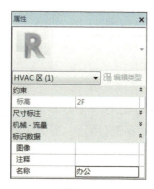

图 D-30

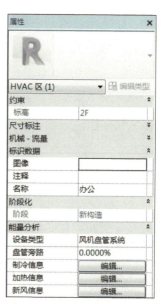

图 D-31

（1）设备类型：用于选择分区使用的加热、制冷或加热/制冷设备类型。该选项对计算的负荷值无影响。

（2）盘管旁路：制造商的盘管旁路系数，用来衡量效率的参数，表示通过盘管但未受盘管温度影响的风量。

（3）制冷信息：包含 4 个选项，如图 D-32 所示，其中"制冷设定点"指夏季室内设计温度，"制冷空气温度"指送风温度，"除湿设定点"指室内维持的相对湿度。

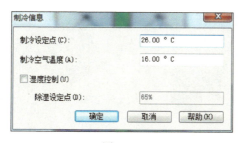

图 D-32

（4）加热信息：包含 4 个选项，如图 D-33 所示，其中"加热设定点"指冬季室内设计温度，"加热空气温度"指送风温度，"湿度设定点"指室内维持的相对湿度。

（5）新风信息：包含三个选项，如图 D-34 所示，如果勾选多个，系统默认选择数值最大者。

图 D-33

图 D-34

D.3.4 分区明细表

分区明细表与空间明细表使用方法一致，使用时参照 D.2.3 空间明细表即可。

D.4 冷热负荷报告

完成建筑类型、空间和分区设置后，可以根据建筑模型进行负荷计算。

单击功能区中的"分析">"热负荷和冷负荷"，如图 D-35 所示；打开"热负荷和冷负荷"对话框，该对话框包含"常规"和"详细信息"两个选项卡，如图 D-36 所示。

图 D-35

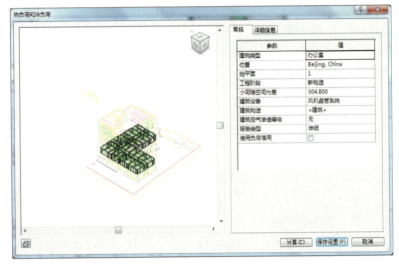
图 D-36

1. 常规

（1）建筑类型、位置、建筑构造与之前位置所做的设置是一致的，只是所处位置不同。关于建筑构造，有如下几点需要特别说明：

① 在此位置的"建筑构造"对话框中是可以修改建筑分析构造默认值的，其他地方不可以，如图 D-37 所示。

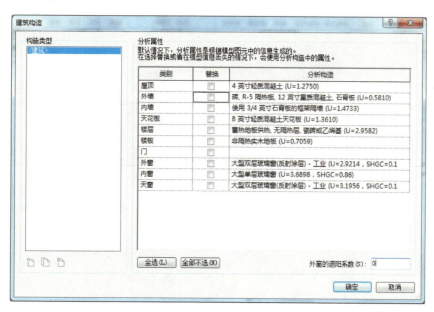

图 D-37

② 在不勾选"替换"复选框的前提下，构造类型选择"<建筑>"，那么计算时会使用该模型本身的热工信息。如果勾选"替换"复选框，计算时选择替换的类别会使用分析构造中选择的材质的热工信息。

③ 分析构造中各构件热工性能是通过 U 值来反映的，而不是习惯用的 K 值。

（2）建筑设备：该建筑采用的制冷、加热或制冷/加热系统类型。

（3）建筑空气渗透等级：通过建筑外围漏隙进入建筑的新风的估计量。

（4）报告类型：简单、标准、详细。

（5）地平面：建筑的地平面参照的标高。

（6）工程阶段：制定建筑构造的阶段。

（7）小间隙空间允差：小间隙空间最大允许宽度值，超过此值该小空间被默认为室外。

（8）使用负荷信用：允许以负数形式记录加热或制冷"信用"负荷。

2. 详细信息

详细信息包含空间信息和分析表面信息。

（1）空间信息包含分区信息和空间信息，点击不同的分区或空间可以看到该分区或者空间的详细信息，便于最后的审核，如图 D-38 和图 D-39 所示。

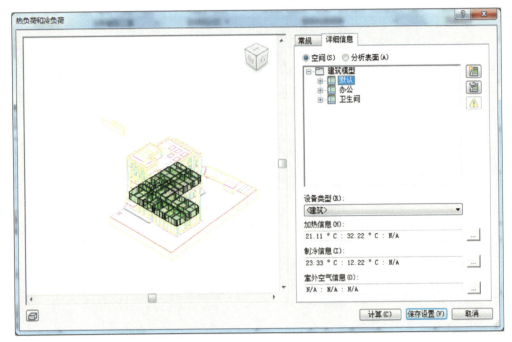

图 D-38

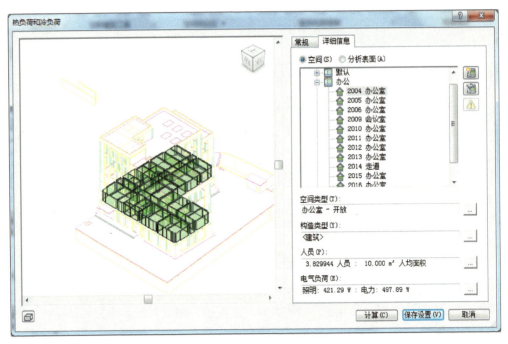

图 D-39

（2）分析表面信息包含分区信息、空间信息及建筑围护结构，如图 D-40 所示。

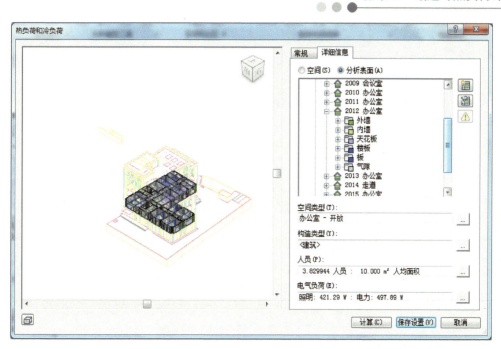

图 D-40

3. 负荷报告

上述信息全部设置完成之后，单击"计算"按钮即生成负荷报告。负荷报告中负荷统计逐级递减，由整栋楼到某一层，再到某一分区，最后到某一空间，如图 D-41～图 D-45 所示。

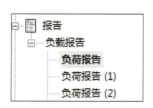

图 D-41

Project Summary

位置和气候	
项目	XXX项目
地址	请在此处输入地址
计算时间	2014年7月27日 21:20
报告类型	详细
纬度	39.91°
经度	116.39°
夏季干球温度	36 °C
夏季湿球温度	28 °C
冬季干球温度	-11 °C
平均日较差	9 °C

图 D-42

Building Summary

输入	
建筑类型	办公室
面积 (m²)	719.52
体积 (m³)	2,517.81
计算结果	
峰值总冷负荷 (W)	73,047
峰值制冷时间(月和小时)	七月 9:00
峰值显热冷负荷 (W)	51,354
峰值潜热冷负荷 (W)	21,693
最大制冷能力 (W)	75,320
峰值制冷风量 (L/s)	3,768.5
峰值热负荷 (W)	48,647
峰值加热风量 (L/s)	1,096.3
校验和	
冷负荷密度 (W/m²)	101.52
冷流体密度 (LPS/m²)	5.2376
冷流体/负荷 (L/(s·kW))	51.59
制冷面积/负荷 (m²/kW)	9.85
热负荷密度 (W/m²)	67.61
热流体密度 (LPS/m²)	1.5236

图 D-43

Level Summary - 2

输入	
面积 (m²)	719.52
体积 (m³)	2,517.81
计算结果	
峰值总冷负荷 (W)	44,792
峰值制冷时间(月和小时)	七月 9:00
峰值显热冷负荷 (W)	41,353
峰值潜热冷负荷 (W)	3,439
峰值制冷风量 (L/s)	3,768.0
峰值热负荷 (W)	19,866
峰值加热风量 (L/s)	1,096.3
校验和	
冷负荷密度 (W/m²)	62.25
冷流体密度 (LPS/m²)	5.2369
冷流体/负荷 (L/(s·kW))	84.12
制冷面积/负荷 (m²/kW)	16.06
热负荷密度 (W/m²)	27.61
热流体密度 (LPS/m²)	1.5236

图 D-44

Zone Summary - 办公

输入	
面积 (m²)	660.26
体积 (m³)	2,312.83
制冷设定点	26 °C
加热设定点	20 °C
送风温度	16 °C
人数	67
渗透 (L/s)	0.0
风量计算类型	风机盘管系统
相对湿度	46.00% (Calculated)
湿度	
湿度消息	None
冷却盘管入口干球温度	28 °C
冷却盘管入口湿球温度	20 °C
冷却盘管出口干球温度	12 °C
冷却盘管出口湿球温度	13 °C
混合气体干球温度	28 °C
计算结果	
峰值总冷负荷 (W)	62,879
峰值制冷时间(月和小时)	七月 9:00
峰值显热冷负荷 (W)	46,011
峰值潜热冷负荷 (W)	16,868

图 D-45

BIMChina 柏慕进业
建筑梦想现实

北京柏慕进业工程咨询有限公司
——中国BIM落地标准的引领者和实践者

柏慕进业公司能够在BIM行业优胜劣汰的竞争中脱颖而出,在于柏慕多年以来的技术及资源的积累,柏慕公司能够在行业中生存主要归功于这6大优势:

1. 成立时间早   4. 项目多
2. 规模大   5. 出书多
3. 培训学员多   6. 参与标准制定多

BIM

北京柏慕进业工程咨询有限公司创立于2008年,是一家专注于BIM培训、咨询的企业,柏慕进业是Autodesk ATC授权培训中心,拥有完善的BIM培训体系,是Autodesk Revit**官方教材主编**单位,是广联达、斯维尔Revit官方教材主编单位。2014年柏慕发布了柏慕1.0BIM**标准化**体系,2015年柏慕参加了BIM**国家标准**的编制,至今柏慕已经主编或参编了**广西、深圳、北京**等多个地方标准制定,曾为行业多个**施工单位、设计院、地产公司**制定企业BIM应用标准及实施规划,并且为各类知名设计院建立BIM实施团队及实施应用体系,组建BIM团队。

工程建筑行业的数据信息革命
Budlding Information Modeling——建筑信息模型

Tel:010-84852873   地址:北京市朝阳区农展南路13号瑞辰国际中心1805室   www.51bim.com

反侵权盗版声明

电子工业出版社依法对本作品享有专有出版权。任何未经权利人书面许可，复制、销售或通过信息网络传播本作品的行为；歪曲、篡改、剽窃本作品的行为，均违反《中华人民共和国著作权法》，其行为人应承担相应的民事责任和行政责任，构成犯罪的，将被依法追究刑事责任。

为了维护市场秩序，保护权利人的合法权益，我社将依法查处和打击侵权盗版的单位和个人。欢迎社会各界人士积极举报侵权盗版行为，本社将奖励举报有功人员，并保证举报人的信息不被泄露。

举报电话：（010）88254396；（010）88258888

传　　真：（010）88254397

E-mail: dbqq@phei.com.cn

通信地址：北京市万寿路173信箱　电子工业出版社总编办公室

邮　　编：100036